高等职业教育机电类专业"十三五"规划教材

自动控制系统原理与应用

主　编　杨　欢

副主编　陈海洋　蒋　珂

参　编　张　俊　周櫼颜　何乙琦

主　审　范次猛

西安电子科技大学出版社

内 容 简 介

本书共分六个单元，分别为自动控制系统的基本原理、控制系统的数学模型、自动控制系统的性能指标与时域分析、根轨迹分析法和频域分析法、线性控制系统的校正以及典型自动控制系统。

本书叙述简洁，理论深入浅出，层次清晰。各章均配有丰富的例题和习题，书末附有综合测试与部分习题参考答案，方便学生学习。本书可作为高等职业教育机电一体化技术、电气自动化技术、数控设备应用与维护以及工业机器人技术等多个专业的教学用书，也适用于成人高校、职工大学、函授大学的相近专业，并可供自动化技术方面的工作人员参考。

图书在版编目（CIP）数据

自动控制系统原理与应用/杨欢主编. —西安：西安电子科技大学出版社，2019.4
ISBN 978 - 7 - 5606 - 5243 - 6

Ⅰ. ① 自…　Ⅱ. ① 杨…　Ⅲ. ① 自动控制系统—高等学校—教材　Ⅳ. ① TP273

中国版本图书馆 CIP 数据核字（2019）第 028640 号

策划编辑　李惠萍　秦志峰
责任编辑　唐小玉
出版发行　西安电子科技大学出版社（西安市太白南路 2 号）
电　　话　(029)88242885　88201467　　邮　　编　710071
网　　址　www.xduph.com　　　　电子邮箱　xdupfxb001@163.com
经　　销　新华书店
印刷单位　陕西日报社
版　　次　2019 年 4 月第 1 版　2019 年 4 月第 1 次印刷
开　　本　787 毫米×1092 毫米　1/16　印张　9.5
字　　数　219 千字
印　　数　1～3000 册
定　　价　23.00 元
ISBN 978 - 7 - 5606 - 5243 - 6/TP

XDUP　5545001 - 1

＊＊＊ 如有印装问题可调换 ＊＊＊

前　言

当前，自动控制技术的应用越来越广泛。自动控制作为一种技术手段，已经广泛应用于工业、农业、国防以及日常生活和社会科学等众多领域，为人类征服自然、探索新能源、实现工业自动化等做出了巨大贡献。

自动控制系统原理与应用是自动化专业重要的专业基础课程。通过本课程的学习，能促进学生了解自动控制系统的组成、特点、专业术语及基本原理，掌握经典控制理论的分析与设计方法，为后续设计与调试工业自动控制系统打下坚实的理论与实践基础。

本书紧密围绕自动控制系统的原理与应用两大核心，将教材分为六个单元。单元一介绍自动控制系统的基本原理，引导读者快速入门，了解自动控制系统的定义及自动控制系统的基本控制方式和分类；单元二介绍控制系统的数学模型，主要为了促进读者理解传递函数的基本概念和求解系统传递函数的方法；单元三介绍自动控制系统的性能指标与时域分析，以自动控制系统的瞬态响应和时域性能指标为重点，对系统的稳定性和稳态误差进行判别和分析；单元四介绍根轨迹分析法和频域分析法，旨在推进学生掌握控制系统的静态和动态性能；单元五介绍线性控制系统的校正，重点让学生掌握控制系统校正的相关概念及设计方法；单元六介绍典型自动控制系统，以智能建筑的典型案例为脉络，加深学生对自动控制原理的理解。

作者根据职业学校学生的专业基础和学习能力设计全书内容与编写特点。本书特点主要有：突出概念的理解和应用，并降低数学推导的难度；围绕各单元内容，增加 MATLAB 软件的实践应用；通过仿真技术进一步让学生掌握理论知识，提升应用能力。书中每个单元都配有小结和习题，书末附有综合测试及部分习题详细的参考答案。

本书由常州刘国钧高等职业技术学校杨欢副教授担任主编，盐城市市区防洪工程管理处陈海洋高级工程师和常州刘国钧高等职业技术学校蒋珂老师担任副主编，常州刘国钧高等职业技术学校张俊、周欐颜以及何乙琦老师参与了本书的编写工作。江苏省无锡交通高等职业技术学校范次猛副教授担任本书的主审，范老师对本书提出了许多宝贵的意见和建议，在此深表谢意。

由于编者水平有限，尽管做了许多努力，书中不妥之处仍在所难免，恳请广大读者批评指正，以便下次修改、完善。

编　者

2018 年 12 月

目　录

单元一　自动控制系统的基本原理

本单元从自动控制系统的基本概念及基本原理出发，通过分析常见的自动控制系统，重点阐述了自动控制系统的基本概念与组成结构、开环及闭环控制的优缺点、自动控制系统的分类以及性能指标等内容。

 学习目标

（1）掌握自动控制系统的基本概念与组成结构。
（2）掌握开环控制及闭环控制的概念及优缺点。
（3）了解自动控制系统的分类及性能指标。

1.1　自动控制系统

随着人类文明的不断演进和社会生产力的快速发展，在现代的工业、农业、国防和科学技术领域中，自动控制技术得到了广泛的应用，自动控制系统无处不见。自动控制系统有利于将人类从复杂、危险、繁琐的劳动环境中解放出来并大大提高控制效率。

如果一个系统是由人完成对机器的控制、操作，例如驾驶汽车，那么可以称之为人工控制。但是如果一个系统仅由机器完成操作任务，例如汽车自动驾驶，那么就称之为自动控制。

自动控制系统（Automatic Control System）是在无人直接参与下可使生产过程或其他过程按期望规律或预定程序进行的控制系统。它涉及利用反馈原理对动态系统的自动影响，使得输出值接近我们想要的值。具有反馈控制原理的控制装置在古代就有了，这方面最有代表性的例子当属古代的计时器"水钟"（在中国叫作"刻漏"，也叫"漏壶"）。

自动控制的发展初期是以反馈理论为基础的自动调节原理，主要用于工业控制。二战期间，工程师们设计和制造了飞机及船用自动驾驶仪、火炮定位系统、雷达跟踪系统以及其他基于反馈原理的军用设备。而后，众多的学者对控制技术与控制理论进行了研究和探索。20 世纪 60 年代之后，现代控制理论及智能控制理论的相继问世，使自动控制系统也实现了飞跃式的发展，更好地满足了高性能、高精度、高度复杂、高度不确定的控制要求。

随着工业自动化控制理论、计算机技术和现代通信技术的迅速发展，自动控制系统的未来发展方向具体表现在以下几个方面：

（1）智能化。随着社会和科学技术的不断进步，各种生产过程的自动化、现代军事装备以及航海、航空、航天事业的迅速发展，都对控制系统的快速性和准确性提出了愈来愈高的要求。人们发现，将人工智能理论和技术以及运筹学方法与控制理论相结合，在变化的环境下仿效人类智能实现对系统的有效控制，能收到令人满意的效果。智能控制是当前正在迅速发展的一个领域，各种形式的智能控制系统、智能控制器相继被开发出来并投入使用。

（2）网络化。网络化是指把大量的有关人、IT系统、自动化元件和机器的信息融入到虚拟网络-实体物理系统（CPS）中，并利用产生的数据为企业服务，其本质即为"融合"。在制造系统中，工厂现场设备传感和控制层的数据与企业信息系统融合，并传到云端进行存储、分析，形成决策并反过来指导、协同企业的生产和运营。

（3）全集成自动化。全集成自动化思想就是用一种系统或者一个自动化平台完成原来由多种系统搭配起来才能完成的所有功能。应用这种解决方案，可以大大简化系统的结构，减少大量接口部件。应用全集成自动化可以突破上位机和工业控制器之间连续控制和逻辑控制之间、集中与分散之间的界限。同时，全集成自动化解决方案还可以为所有的自动化提供统一的技术环境，工程技术人员可以在一个平台下对所有应用进行组态和编程。由于应用一个组态平台，工程变得简单，培训费用也大大降低。

1.1.1 自动控制系统举例

1. 温度控制系统

为了舒适地生活，需要控制室内的温度和湿度。在工业生产中，也常常需要关于温度的控制系统。图1-1所示的电炉箱恒温自动控制系统就是一个典型的自动控制的例子。

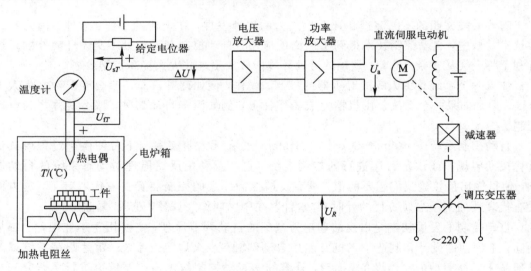

图1-1　电炉箱恒温自动控制系统

电炉箱恒温自动控制系统的控制目标是将工件温度维持为设定值。当电流在导体中流过时，因为任何导体均存在电阻，电能即在导体中形成损耗，转换为热能。电炉箱利用电阻丝的特性对工件进行加热。该系统利用热电偶来检测炉内温度，并将温度转换为电压信号，通过比较、放大等环节，形成控制电压。控制电压驱动直流伺服电动机，带动变压器的滑动触头，调节电阻丝的电压值，从而调节炉内温度。

2. 加工控制系统

现代化的工业生产离不开自动控制系统，需要自动控制来保证产品的加工精度，提高产品生产的效率。图 1-2 所示的数控机床是机电一体化的典型产品，是集机床、计算机、电动机及拖动控制、检测等技术为一体的自动化设备。数控机床中需要刀具按照要求运动，而且要控制刀具每一点的位置和速度，加工出由任意形状的曲线或曲面组成的复杂零件。同样，带有机械手的点焊生产线（大批量铆焊加工生产线）也需要相似的精密定位及时间控制，如图 1-3 所示。

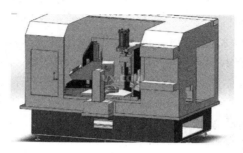

图 1-2　数控机床

图 1-3　焊接机器手

　　其中，最具代表性的自控系统之一就是进给控制系统，如图 1-4 所示。在这个系统中，一方面通过位置指令装置将希望的位移量转化为具有一定精度的电信号，利用位置检测装置实时监测被控工作台的实际位移，将其转换为电信号后与位置指令进行比较得到偏差信号。然后利用放大后的偏差信号控制伺服电动机向消除偏差的方向旋转，直到达到一定精度为止。另一方面，这个系统也实现了对速度的控制。伺服系统经常需要频繁地启动和制动，会有位置超调（位置过冲）现象。为了消除这种现象，并使得伺服电机稳定运行时保持速度恒定，通常会实时监测机床进给速度，实现速度的自动调整。

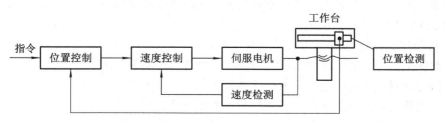

图 1-4　数控机床进给伺服系统

3. 雷达跟踪系统

雷达跟踪系统(雷达天线伺服控制系统)是自动控制系统在国防科技领域的一个典型应用。图 1-5 所示是一个电位器式位置随动系统,用来实现雷达天线的角度控制。

两个电位器 RP_1 和 RP_2 的转轴位置一样时,给定角 θ_m^* 与反馈角 θ_m 相等,所以角差 $\Delta\theta_m = \theta_m^* - \theta_m = 0$,电位器输出电压 $U^* = U$,电压放大器的输出电压 $U_{ct} = 0$,可逆功率放大器的输出电压 $U_d = 0$,电动机的转速 $n = 0$,系统处于静止状态。

当转动手轮,使给定角 θ_m^* 增大时,$\Delta\theta_m > 0$,则 $U^* > U$,$U_{ct} > 0$,$U_d > 0$,电动机转速 $n > 0$,经减速器带动雷达天线转动,雷达天线通过机械机构带动电位器 RP_2 的转轴转动,使 θ_m 也增大。只要 $\theta_m < \theta_m^*$,电动机就带动雷达天线朝着缩小偏差的方向运动。只有当 $\theta_m^* = \theta_m$,偏差角 $\Delta\theta_m = 0$,$U_{ct} = 0$,$U_d = 0$ 时,系统才会停止运动而处在新的稳定状态。如果给定角 θ_m^* 减小,则系统运动方向将和上述情况相反。

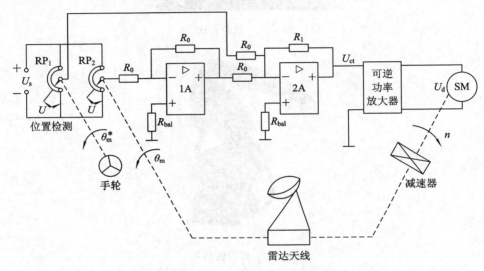

图 1-5　雷达天线伺服控制系统

1.1.2　自动控制系统的组成

1. 自动控制系统的组成

除了 1.1.1 节介绍的自动控制系统之外,还有各式各样的自动控制系统。尽管自动控制系统的组成各不相同,系统功能也各式各样,但它们都可以分为两大组成部分:控制装置和被控对象。其中,控制装置又可以根据功能不同细分为给定装置、检测装置、比较装置、放大装置、执行装置和校正装置。

一个自动控制系统一般包含以下基本元件:

(1) 被控对象:即系统所要操纵的对象,一般指工作机构或者生产设备。

(2) 给定装置:其功能是设定被控量的控制目标,常见的给定装置有电位器等。

(3) 检测装置:主要由各类传感器构成,主要功能为检测被控制量。由于检测元件的精度直接影响控制系统的精度,所以应尽可能采用精度高的检测元件和合理的检测线路。检测结果通常会配合变送装置,将检测信号转换为便于处理的电信号。

（4）比较装置：将检测得到的反馈信号和控制量进行比较，产生偏差信号，用于控制执行装置。

（5）放大装置：偏差信号一般都比较微弱，需要进行变换放大，使它具有足够的幅值和功率，因此系统还必须具有放大装置。

（6）执行装置：该装置根据要求对控制对象执行控制任务，使被控量按控制要求的变化规律动作。

（7）校正装置：实践证明，仅由上述基本元件简单组合起来的控制系统往往是不能完成任务的。为了改善系统的控制性能，还需要在系统中加进校正装置。

分析自动控制系统的组成，是了解一个控制系统大致的工作原理，并对它进行分析与调试的第一步。主要分析过程可以归结为回答 3 个问题：

问题 1：控制的目的是什么？（用于找到被控对象）

问题 2：控制装置是什么？（用于找到执行装置）

问题 3：被控制量与控制量之间是否存在关联？（用于找到比较装置、检测装置等）

例 1－1　试分析图 1－1 中电炉箱恒温自动控制系统的组成。

解　（1）控制目的：保持电炉温度稳定。

控制对象：电炉箱。

被控量：电炉箱的温度。

（2）控制装置：加热电阻丝的装置。

执行装置：调压变压器、减速器、直流伺服电动机。

放大装置：电压放大器、功率放大器。

给定装置：给定电位器。

（3）被控制量与控制量之间是否存在关联：存在。

检测装置：热电偶。

注：给定电压信号与热电偶输出的温度变化电压信号的比较通过电压放大器实现，不需另外增加比较装置。

例 1－2　试分析图 1－5 中雷达天线控制系统的组成。

解　（1）控制目的：雷达天线的角度与设定一致。

被控对象：工作机械（雷达天线）。

被控量：角位置 θ_m。

给定值：指令转角 θ_m^*。

给定装置：手轮。

（2）执行装置：直流电动机及减速箱。

放大装置：放大器，用于比例控制。

（3）被控制量与控制量之间是否存在关联：存在。

测量装置：由电位器测量 θ_m、θ_m^*，并转化为 U、U^*。

比较装置：两电位器按电桥连接，完成减法运算 $U^* － U ＝ e$（偏差）。

2. 控制系统组成框图

随着生产技术和自动控制技术的不断发展,自动控制系统的内部结构与组成也越来越复杂。因此,采用图形对控制系统进行抽象,画出系统组成框图,就成为自控系统工作原理分析及理论分析的重要一步。

图1-6表示了自动控制系统的典型组成框图,包括信号流与环节(或元件)两大要素。信号流指一个系统中所有互相作用的信号的组合。环节或元件指自动控制系统各类控制装置与被控对象的理想模型。图中,信号流用带箭头的有向线段表示,传输方向为箭头方向,"+"表示信号相叠加,"-"号表示信号相减;系统的环节或元件都用方框表示。

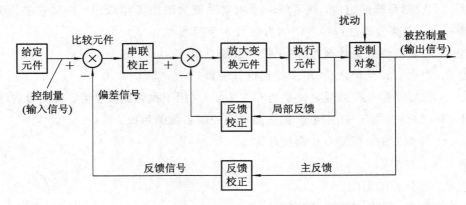

图1-6 自动控制系统的典型组成框图

信号流一般包括以下6个量:

(1) 输入量(Input Variable):又称给定量或参考量。

(2) 输出量(Output Variable):指任何被控对象的实际输出值,表征自动控制系统工作时的实际情况。常常是被控对象要求保持设定值的物理量,所以又称为被控变量。

(3) 反馈量(Feedback Variable):指由系统输出端取出并反向送回系统输入端的信号。有的系统检测元件的输出就是反馈量,而有的系统将检测元件的输出再经分压和滤波等才形成反馈量,此时将检测、分压和滤波等合并称为反馈环节。

(4) 偏差量(Deviation Variable):偏差量是指被测变量的设定值与实际值之差,但是在实际生产过程中能够直接获取的是被控变量的测量值信号,而不是实际值,因此通常把给定值与测量值之差称为偏差量。

(5) 扰动量(Disturbance Variable):作用于对象,并能引起被控变量偏离期望值的因素称为干扰(扰动)。

(6) 中间变量(Middle Variable):指系统各环节之间的作用量。它是前一环节的输出量,也是后一环节的输入量。

沿箭头方向由输入端到达输出端的传输通路称为系统的前向通路。输出量经反馈环节(测量装置等)反馈到输入端的传输通路称为反馈通路。校正元件又称补偿环节或控制器,可以加在偏差信号至被控信号间的前向通道中;也可以加在反馈通道中。前者称为串联校正,后者称为反馈校正。

例 1-3　图 1-7 所示为水位自动控制系统，工作原理如下：由浮子测出实际水位，通过连杆和电位器与要求的水位比较，得出偏差后再由调节元件根据偏差的大小和正负产生控制信号，最后由执行元件根据信号产生控制作用。浮子低则电位器上得到正电压，经放大后使电机向进水阀门开大的方向旋转；反之，当浮子高时，电位器上得到负电压，电机向阀门关小的方向旋转；若水位正好，则电位器上电压为零，电机不转，阀门不动。试分析水位控制系统的组成，画出系统框图。

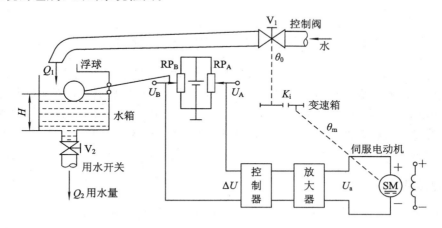

图 1-7　水位自动控制系统

解　通过题中介绍的水位控制系统的工作原理可知系统控制对象是水箱，输出量（被控量）是水箱水位的高度，检测装置是由浮球、杠杆和电位器 RP_B 构成的。给定元件是电位器 RP_A，执行元件是电动机、变速箱与控制阀 V1。U_B 是反馈量，与 U_A 比较构成偏差量，输入控制器。给水量 Q_1 是中间变量，用水量 Q_2 是干扰量。这样就得到系统的框图，如图 1-8 所示。

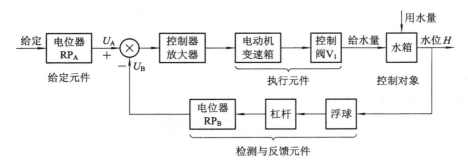

图 1-8　水位控制系统框图

1.2　自动控制系统的基本控制方式

自动控制系统有开环控制方式和闭环控制方式两种基本的控制方式，与之相对应的两种控制系统分别称为开环控制系统（Open-loop Control System）与闭环控制系统（Closed-loop Control System）。

1.2.1 开环控制

开环控制是一种最简单的控制方式，基本结构如图 1-9 所示，控制器与被控对象之间只有正向控制作用而没有反馈控制作用，即控制系统的输出信号(被控变量)不反馈到输入端，输出量不影响系统的控制作用，控制作用的传递路径不是完全闭合的。开环控制系统也称为前馈控制系统。

图 1-9　开环控制系统的基本结构

开环控制的优点是结构简单，调整方便，成本低，缺点是控制精度低，对扰动没有控制能力。因此，开环控制用于输出精度要求低的场合。若出现扰动，只能靠人工操作，使输出达到期望值。家用的电风扇、自动洗衣机以及包装线等自动化流水生产线都属于开环控制。

1.2.2 闭环控制

闭环控制是指系统的输出(被控变量)通过反馈环节，又返回到系统的输入端，与给定信号相比较后以偏差的形式进入控制器，对系统起控制作用的控制系统。如图 1-10 所示，整个系统构成了一个封闭的反馈回路。该系统也称为反馈控制系统(Feedback Control System)。外界干扰和系统自身结构参数变化引起被控变量与给定值的偏差。闭环控制系统利用偏差来纠正偏差，达到较高的控制精度。但是闭环控制系统的结构比较复杂，调试比较困难。如果调试不当，系统将无法正常和稳定工作。

图 1-10　闭环控制系统的基本结构

开环控制与闭环控制的比较如表 1-1 所示。

表 1-1　开环控制与闭环控制的比较

特点 控制方式	特征	优点	缺点	适用场合
开环控制	无反馈环节	结构简单，成本低，稳定性好	无法自动补偿扰动产生的影响	精度要求不高、扰动量影响不大或可以预先补偿的场合
闭环控制	有反馈环节	精度高，自动补偿扰动产生的影响	增加了反馈环节，结构复杂，成本增加，稳定性可能变差	精度要求较高、扰动量较大且无法预计的场合

例 1-4 图 1-11 为两种典型的调速系统,试判断两系统是属于开环控制还是属于闭环控制,并说明它们的优缺点。

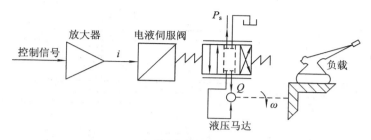

(a) 开环速度控制系统

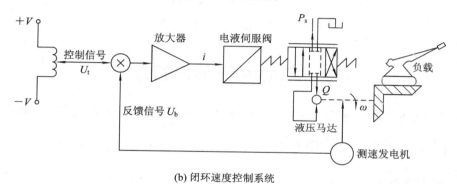

(b) 闭环速度控制系统

图 1-11 两种调速系统原理图

解 图(a)为一开环速度控制系统,它根据控制信号的大小和方向来控制负载转速的大小和方向。原理很简单,控制信号通过放大器放大,输出相应电流给伺服阀;伺服阀则供给一定流量的压力油给液压马达,带动负载以一定的转速运动。

图(b)所示控制系统引入了反馈回路,即用测速发电机检测被控制量(转速),然后反馈到输入端则构成闭环控制系统。

开环控制系统结构简单,但它仅根据控制信号对转速加以控制,其精度主要取决于系统的校正精度,取决于在工作过程中系统的稳定程度。当负载力矩增加时,由于阀的流量随负载压力的增加而减小,以及液压系统内漏损增加等原因,会造成液压马达转速的降低,从而使开环系统的精度降低。闭环控制系统可以通过反馈控制自动纠正被控制量对于外部或内部扰动所引起的误差。当然,闭环控制系统要增加测速发电机等检测、反馈比较等环节,会使系统复杂,成本增加。

1.2.3 复合控制

复合控制既能提高系统的控制精度,又能保证系统的稳定性。如图 1-12 所示,复合控制系统是指在系统的反馈控制回路中加入前馈通路,组成一个前馈控制与反馈相结合的系统。只要系统参数选择合适,不但可以保持系统稳定,极大地减小乃至消除稳态误差,而且可以抑制几乎所有的可量测扰动。前馈控制用来补偿反馈系统的不足之处,一般以某种扰动作为前馈控制通路的给定参量，再将计算得到的补偿值叠加到系统给定参量中去。

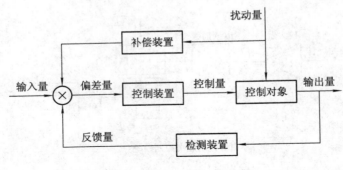

图 1-12　复合控制基本框图

1.3　自动控制系统的分类

自动控制系统的种类很多，分类方法也很多，其中有以下几种主要的分类方法：

1.3.1　按输入量的变化规律分类

1. 定值控制系统

定值控制系统又称恒值控制系统，这类控制系统的输入量是恒定的，并且要求系统的输出量相应地保持恒定。该系统的基本任务是克服扰动对被控变量的影响，即在扰动作用下仍能使被控变量保持在设定值（给定值）或在允许范围内。

定值控制系统是最常见的一类自动控制系统，包括自动调速系统、恒温控制系统、恒张力控制系统、恒压力控制系统等。

2. 随动控制系统

随动控制系统又称伺服控制系统，是一种被控变量的输入量随时间任意变化，并且要求系统的输出量能跟随输入量的变化而变化的控制系统。它的主要作用是克服一切扰动，使被控变量随时跟踪给定值，常常着重于跟随的准确性和跟随的快速性。

随动系统在工业和国防上有着极为广泛的应用，如火炮控制系统、雷达自动跟踪系统、机床刀架跟踪系统、机器人控制系统、各种电信号笔记录仪等。

3. 过程控制系统

生产过程通常是指把原料放在一定的外界条件下，经过物理或化学变化而制成产品的过程。在这些过程中，往往要求自动提供一定的外界条件，例如温度、压力、流量、液位、黏度、浓度等参量在一定的时间内保持恒值或按一定的程序变化。这种输入量通常是随机变化的、不确定的。要求系统的输出量在整个生产过程中保持恒值或按一定的程序变化的控制系统就是过程控制系统。

例如图 1-13 所示的蒸汽发电机系统就是过程控制系统。在化工、轻工、食品等生产过程中对温度、流量、压力、湿度等进行控制的系统也是过程控制系统。

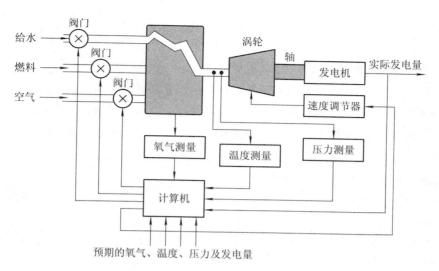

图 1-13   发电机的协调控制系统

1.3.2   按时间变量分类

1. 连续控制系统

连续控制系统的特点是各元件的输入量与输出量都是连续量或模拟量。连续系统的性能一般是用微分方程来描述的。图 1-1 所示的电炉温度控制系统及图 1-7 的水位控制系统都属于连续控制系统。

2. 离散控制系统

离散控制系统又称采样数据系统(Sampled Date Control System),它的特点是系统中有的信号是非连续的,例如脉冲序列或采样数据量或数字量。

通常,数字控制系统和计算机控制系统都是离散控制系统。图 1-14 所示的是一个用计算机来进行控制的双闭环直流调速系统,其模拟反馈信号由 A/D 转换器变成数字信号进入计算机,由计算机完成速度及电流的控制信号的计算,并通过驱动接口(D/A)将结果转换成模拟信号来改变电动机两端的电压大小,以恒定电动机转速。

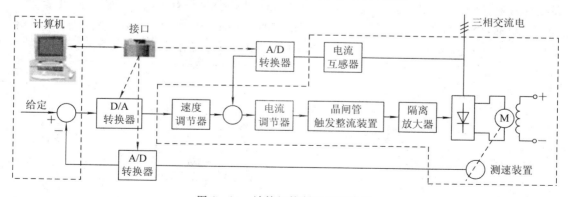

图 1-14   计算机控制的调速系统

1.3.3　其他分类

1. 定常系统与时变系统

自动控制系统按照参数与时间的关系，可以分为定常系统与时变系统两种。

定常系统的特点是系统的全部参数不随时间变化，它用定常微分方程来描述。

时变系统的特点是系统中有的参数是时间 t 的函数，它随时间变化而改变，如宇宙飞船控制系统。

2. 线性控制系统与非线性控制系统

自动控制系统按照输出量与输入量间的关系，可以分为线性控制系统与非线性控制系统。

线性控制系统的特点是系统全部由线性元件组成，输出量与输入量间的关系用线性微分方程来描述。线性系统最重要的特性是可以应用叠加原理，即几个扰动或控制量同时作用于系统时，其总的输出等于每个量单独作用时的输出之和。

非线性控制系统的特点是系统中存在有非线性元件（如具有死区、出现饱和、含有库仑摩擦等非线性特性的元件），要用非线性微分方程来描述。非线性系统不能应用叠加原理，往往要采用非线性方程来描述。叠加原理对非线性系统无效。

1.4　对控制系统性能的基本要求

从之前举的实例我们可以看出，控制系统是可以完成某种人为规定任务的设备与装置。因此，如何完成任务以及如何更好地完成任务就成为人们对自动控制系统所提出的最基本的期望和要求。对于一个实际的自动控制系统而言，无论这个自动控制系统所完成的任务是复杂还是简单，也无论这个系统完成这些任务采用何种实现策略（控制策略），对它的要求不外乎三个方面的基本要求，即稳定性、快速性和准确性。下面就这三方面的要求进行简单介绍。

1. 稳定性

对于任何自动控制系统而言，首要的条件便是系统能稳定正常运行。系统的稳定性通常定义如下：若它的输入量或扰动量的变化是有界的，输出量也是有界（收敛）的，则这样的自动控制系统就是稳定的；若它的输入量或扰动量的变化是有界的，而它的输出量是无界（发散）的，则这样的自动控制系统就是不稳定的。如图 1-13(a) 所示，当扰动作用（或给定值发生变化）时，系统能回到（或接近）原来的稳定值（或跟随给定值）稳定下来，这样的系统就是稳定的。反之，如图 1-13(b) 所示的系统就是不稳定的。

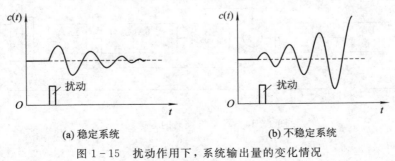

(a) 稳定系统　　　　　　　　　(b) 不稳定系统

图 1-15　扰动作用下，系统输出量的变化情况

自动控制系统的稳定性通常包括如下两个方面的含义：

（1）自动控制系统的绝对稳定：在任何有界的外部作用下，系统的输出量都必须是收敛的。

（2）自动控制系统的相对稳定：当自动控制系统是绝对稳定时，其调节过程所反映出来的调整性能（与系统的动态特性有关）。

2. 快速性

控制系统从一个稳态过渡到新的稳态都需要经历一段时间，亦即需要经历一个过渡过程。要很好完成控制任务，系统仅仅满足稳定性要求是不够的，须对过渡过程的形式和快慢提出要求。例如导弹制导系统，虽然炮身最终能跟踪目标，但如果目标变动迅速，而炮身行动迟缓，则仍然抓不住目标。通常采用动态指标表示控制系统的快速性。

3. 准确性

控制系统的准确性是指系统输出量跟随给定量（输入量）的精度，用稳态误差来表示。稳态误差是指当系统达到稳态后，其稳态输出与参考输入所要求的期望输出之差，如图1-16所示。显然，这种误差越小，系统的输出跟随参考输入的精度越高。

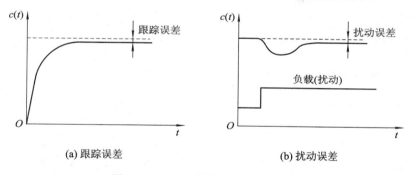

图1-16　自动控制系统的稳态误差

由于被控对象具体情况的不同，各种系统对上述三方面性能要求的侧重点也有所不同。例如随动系统对快速性和稳态精度的要求较高，而定值系统一般侧重于稳定性能和抗扰动的能力。在同一个系统中，上述三方面的性能要求通常是相互制约的，系统动态响应的快速性、高精度与动态稳定性之间是一对矛盾。

1.5　MATLAB仿真

自动控制系统仿真是建立在控制系统模型基础之上的控制系统动态过程试验，目的是通过试验进行系统方案论证，选择系统结构参数和验证系统的性能指标等。目前应用最广泛的仿真工具就是MATLAB。

MATLAB是Mathworks公司开发的一种集数值计算、符号计算和图形可视化三大基本功能于一体的功能强大、操作简单的优秀工程计算应用软件。MATLAB主要包括MATLAB和Simulink两大部分，MATLAB不仅可以处理代数问题和数值分析问题，而且还具有强大的图形处理及仿真模拟等功能；既可以在主窗口输入命令语句完成操作，也可以建立 Simulink 文件，按照实际系统选取库中模块搭建模型，完成仿真工作，从而能够很好地帮助工程师及科研人员解决实际的技术问题。

自动控制是一门理论性和实践性都很强的专业基础课，我们可以通过计算机仿真，方便地研究系统性能，验证理论的正确性，加深对理论知识的理解。

从实用的角度来看，MATLAB 的工作窗口包括命令窗口、M 文件编辑窗口、图形编辑窗口、数学函数库、应用程序接口及在线窗口等，如图 1 - 17 所示。下面首先介绍 MATLAB 的命令窗口、M 文件编辑窗口和 simulink 的使用。

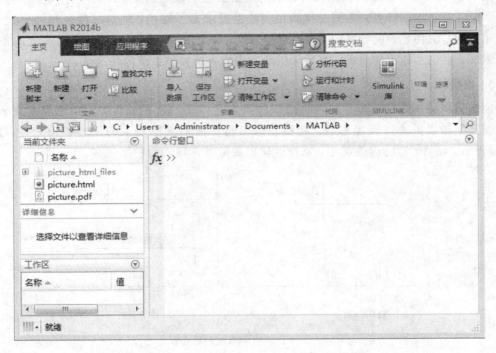

图 1 - 17　MATLAB 界面

1. 命令窗口

启动 MATLAB 之后，屏幕上自动出现命令窗口 MATLAB，它是 MATLAB 提供给用户的操作界面，用户可以在命令窗口内提示符"≫"之后(有的 MATLAB 版本命令窗口没有提示符)键入 MATLAB 命令，再接回车键即获得该命令的答案。

命令窗口内有 File、Edit、View、Web、Window、Help 等菜单条。

2. M 文件编辑窗口

M 文件是 MATLAB 语言所特有的文件。用户可以在 M 文件编辑窗口内编写一段程序，然后调试、运行并存盘，所保存的用户程序即是用户自己的 M 文件。MATLAB 工具箱中大量的应用程序也是以 M 文件的形式出现的，这些 M 文件可以打开阅读，甚至修改，但应注意，不可改动工具箱中的 M 文件。

1) 进入 M 文件

进入 M 文件窗口有两种方法：

（1）命令窗口→主页→新建→M-File；

（2）命令窗口→主页→新建脚本。

M 文件编辑窗口的标记是"Untitled"（无标题的）。当用户编写的程序要存盘时，Untitled会作为默认文件名提供给用户；自然，用户也可以自己命名。若用户不自己命名，则 MATLAB 会对 Untitled 进行编号。

2）M 文件的执行

返回命令窗口，在当前目录（Current Directory）内选择所要运行的 M 文件的目录，在命令窗口提示符"≫"后，直接键入文件名（不加后缀）即可运行。

3. Simulink 的使用

Simulink 是一个用来对动态系统进行建模、仿真和分析的软件包。利用 Simulink 功能模块可以快速建立控制系统的模型，并进行仿真和调试，方法如下：

（1）运行 MATLAB 软件，在命令窗口栏"≫"提示符下键入 Simulink 命令，按 Enter键或在工具栏单击 Simulink 按钮，即可进入如图 1-18 所示的 Simulink 仿真环境下。

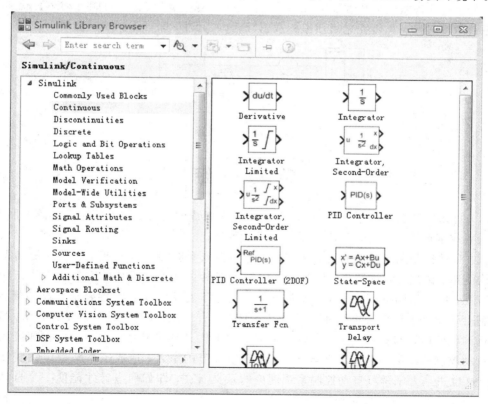

图 1-18　Simulink 仿真环境

（2）选择 File 菜单下 New 子菜单下的 Model 命令，新建一个 Simulink 仿真环境常规模板。

（3）在 Simulink 仿真环境下，创建所需要的系统。

以图 1-19 所示的系统为例，说明其基本设计步骤：

（1）进入线性系统模块库，构建传递函数。点击 Simulink 下的"Continuous"，再将右边窗口中"Transfer Fen"的图标用左键拖至新建的"untitled"窗口。

（2）改变模块参数。在 Simulink 仿真环境"untitled"窗口中双击该图标，即可改变传递函数。其中方括号内的数字分别为传递函数的分子、分母各次幂由高到低的系数，数字之间用空格隔开；设置完成后，点击 OK 按钮，即完成该模块的设置。

（3）建立其他传递函数模块。按照上述方法，在不同的 Simulink 的模块库中建立系统所需的传递函数模块。例如比例环节用"Math"右边窗口的"Gain"图标。

（4）选取阶跃信号输入函数。用鼠标点击 Simulink 下的"Source"，将右边窗口中的"Step"图标用左键拖至新建的"untitled"窗口，形成一个阶跃函数输入模块。

（5）选择输出方式。用鼠标点击 Simulink 下的"Sinks"，就进入输出方式模块库，通常选用"Scope"的示波器图标，将其用左键拖至新建的"untitled"窗口。

（6）选择反馈形式。为了形成闭环反馈系统，需选择"Math"模块库右边窗口的"Sum"图标，并用鼠标双击，将其设置为需要的反馈形式（改变正负号）。

（7）连接各元件，用鼠标画线，构成闭环传递函数。

（8）运行并观察响应曲线。用鼠标单击工具栏中的"▶"按钮，便能自动运行仿真环境下的系统框图模型。运行完之后用鼠标双击"Scope"元件，即可看到响应曲线。

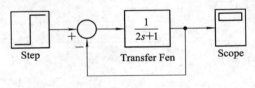

图 1-19　系统框图

单 元 小 结

（1）自动控制系统是指由机械、电气等设备所组成的，能按照人们所设定的控制方案，模拟人完成某项工作任务，并达到预定目标的系统。

（2）自动控制系统从控制方案上来说，可分为开环控制与闭环控制。开环控制系统具有结构简单、稳定性好的特点，但它不能模拟人来对自动控制系统的实际输出值与期望值进行监视、判断与调整。因此这种控制方案只适用于对系统稳态特性要求不高的场合。闭环控制由于设置了模拟人来监视实际输出与期望值有无偏差的检测装置（反馈环节）和对偏差进行调整的比较与控制装置，所以在系统结构上比开环控制系统复杂，但它却极大地提高了自动控制系统的控制精度。同时，由于反馈环节的引入，造成了系统稳定性变坏等问题。但这也正是大家学习自动控制系统理论的意义所在，即如何设计才能使一个自动控制系统具有稳、准、快的性能指标。

（3）尽管组成自动控制系统的物理装置各有不同，但就其控制作用来看，不外乎几种基本元件或环节。对一个实际的自动控制系统进行组成装置上的抽象，有助于对自动控制系统的工作原理、调节过程进行分析，也有助于为进一步分析自动控制系统性能而建立数学模型。

（4）自动控制系统可以从不同的角度进行分类。工业加工设备中最为常见的系统是恒值系统与随动系统。

习　题

1. 简述什么是自动控制。

2. 组成自动控制系统的主要元件有哪些？它们各起什么作用？

3. 试述开环控制系统与闭环控制系统的区别及其优缺点。

4. 恒值控制系统和随动系统各自的主要特点是什么？

5. 图 1-20 所示为仓库大门自动控制系统。试说明自动控制大门开启和关闭的工作原理。如果大门不能全开或全关，则怎样进行调整？画出系统的框图。

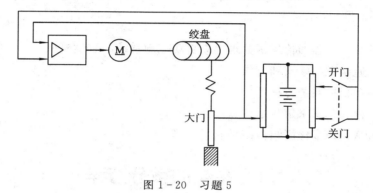

图 1-20　习题 5

单元二 控制系统的数学模型

本单元介绍常用的数学模型——微分方程、传递函数和系统方框图。它们反映系统的输出量、输入量和内部各种变量间的关系，表征了系统的内部结构，是经典控制理论中进行分析的基础。

 学习目标

（1）会通过微分方程和传递函数来建立自动控制系统的数学模型。

（2）理解传递函数的定义和性质。

（3）能建立和变换系统方框图。

（4）会利用梅森公式求解传递函数。

（5）能用 MATLAB 化简结构图。

2.1 系统的微分方程

2.1.1 建立微分方程的步骤

描述系统输入量和输出量之间关系的最直接的数学方法是列写系统的微分方程（Differential Equation of Systems）。

当系统的输入量和输出量都是时间 t 的函数时，其微分方程可以确切地描述系统的运动过程。微分方程式系统最基本的数学模型。

建立微分方程的一般步骤是：

（1）充分了解系统的工作原理、结构组成和支持系统运动的物理规律，找出个物理量之间所遵循的物理规律，确定系统的输入量和输出量。

（2）一般从系统的输入端开始，根据各元件或环节所遵循的基本物理规律，列出相应的微分方程。

（3）消除中间变量，将与输入量相关的项写在方程式等号的右边，与输出量有关的项写在等号的左边。

2.1.2 建立系统微分方程举例

下面举例说明常见环节和系统微分方程的建立。

1. RC 电路

RC 电路如图 2-1 所示。

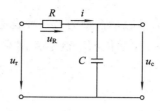

图 2-1　RC 无源网络

1）确定输入、输出量

输入量为电压 u_r，输出量为电压 u_c。

2）根据基尔霍夫定律，列写方程

$$u_r = u_c + u_R,\ u_R = Ri,\ i = C\frac{\mathrm{d}u_c}{\mathrm{d}t}$$

3）消除中间变量，使公式标准化

联立以上各式，将输出量有关的各项放在方程式等号的左边，与输入量有关的各项放在等号的右边，整理得到

$$RC\frac{\mathrm{d}u_c}{\mathrm{d}t} + u_c = u_r$$

2. 有源电路

有源电路网络如图 2-2 所示，根据电路图列写微分方程。

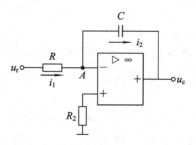

图 2-2　有源电路网络

系统中，输入量为电压 u_r，输出量为电压 u_c。理想运算放大器有两个特点："虚短"和"虚断"，因此 A 点的电位为 $u_A = 0$。

因为一般输入阻抗很高，所以

$$i_1 = i_2$$

根据该等式，可得

$$\frac{u_r}{R} = -C\frac{\mathrm{d}u_c}{\mathrm{d}t}$$

所以

$$u_r = -RC\frac{\mathrm{d}u_c}{\mathrm{d}t}$$

2.2 传 递 函 数

传递函数（Transfer Function）是数学模型的另一种表达形式。它比微分方程简单明了，运算方便，是自动控制中最常见的数学模型。整个控制系统几乎都和传递函数的概念离不开。

2.2.1 传递函数的定义

对线性定常微分方程进行拉氏变换，可以得到系统在复数域的数学模型，称其为传递函数。

设系统的结构如图 2-3 所示，$r(t)$ 为系统的输入，$R(s)$ 为输入量的拉氏变换；$c(t)$ 为系统的输出，$C(s)$ 为输出量的拉氏变换。

图 2-3　系统的结构图

传递函数的定义为：在初始条件为零时，输出量的拉氏变换式与输入量的拉氏变换式之比，即

$$传递函数\ G(s) = \frac{输出量\ c(t)\ 的拉式变换}{输入量\ r(t)\ 的拉式变换} = \frac{C(s)}{R(s)}$$

2.2.2 传递函数的性质

传递函数的性质如下：

（1）传递函数是由微分方程变换得来的，它和微分方程之间存在着对应的关系。对于一个确定的系统（输入量与输出量都已确定），它的微分方程是唯一的，所以其传递函数也是唯一的。

（2）传递函数是复变量 $s(s=\delta+j\omega)$ 的有理分式，s 是复数，而分式中的各项系数 a_n，a_{n-1}，…，a_1，a_0 及 b_n，b_{n-1}，…，b_1，b_0 都是实数，它们由组成系统的元件结构和参数决定，而与输入量、扰动量等外部因素无关。因此传递函数代表了系统的固有特性，是一种用象函数来描述系统的数学模型，称为系统的复数域模型。

（3）传递函数是一种运算函数，由 $G(s)=\dfrac{C(s)}{R(s)}$ 可得 $C(s)=G(s)R(s)$。此式表明，若已知一个系统的传递函数 $G(s)$，则对任何一个输入量 $r(t)$，只要以 $R(s)$ 乘以 $G(s)$，即可得到输出量的象函数 $C(s)$，再经拉氏变换，就可求得输出量 $c(t)$。由此可见，$G(s)$ 起着从输入到输出的传递作用，故名传递函数。

（4）传递函数的分母是它所对应系统微分方程的特征方程的多项式，即传递函数的分母是特征方程 $a_n s^n + a_{n-1} s^{n-1} + \cdots + a_1 s + a_0 = 0$ 等号左边的部分。分析表明：特征方程的根反映了系统动态过程的性质，所以由传递函数可以研究系统的动态特性。特征方程的阶次

n 即为系统的阶次。

2.2.3　传递函数的求取

1. 直接计算法

对于系统或元件，首先建立描述元件或系统的微分方程式，然后在零初始条件下，对方程式进行拉氏变换，即可按传递函数的定义求出系统的传递函数。

2. 阻抗法

求取无源网络或电子调节器的传递函数，采用阻抗法较方便。在电路中，电阻、电感、电容元件的复域模型电路如表 2-1 所示。

表 2-1　电阻、电感、电容元件的复域模型电路

元件名称	电阻(R)	电感(L)	电容(C)
电路	▭	⌇⌇⌇	‖
传递函数	R	Ls	$\dfrac{1}{Cs}$

3. 利用动态结构图求取传递函数

对于比较复杂的系统，以上两种方法一般无法解决，可以利用动态结构图求取。该方法将在后面的内容中讨论。

2.3　自动控制系统的系统方框图

2.3.1　系统框图的组成要素

方框图（Block Diagram）又称结构图，它建立在传递函数图形化表示方式上，可以形象地描述自动控制系统中各单元之间和各作用量之间的相互联系。它的作用在于它能清晰而严谨地表达系统内部各单元在系统中的作用和相互联系，因此方框图在分析自动控制系统中有广泛的应用。

方框图由信号线、引出点、比较点和功能框等部分组成，其图形如图 2-4 所示。方框图同时也遵循前向通道的信号从左向右、反馈通道的信号从右向左的基本绘制原则。

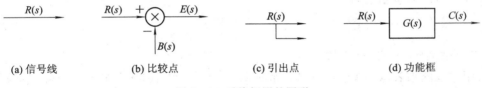

图 2-4　系统框图的图形

1. 信号线

信号线(Signal Line)表示流通的途径和方向,用带箭头的直线表示。一般在线上标明该信号的拉式变换式,如图 2-4(a)所示。

2. 比较点

比较点(Comparing Point)又称为综合点,其输出量为各输入量的代数和,"+"表示相加,"一"表示相减。通常"+"可以省略不写,如图 2-4(b)所示。

3. 引出点

引出点(Pickoff Point)又称为分离点,如图 2-4(c)所示,它表示信号线由该点取出。从同一信号线上取出的信号,其大小和性质完全相同。

4. 功能框

功能框(Block Diagram)表示系统或元件,如图 2-4(d)所示。框左边向内箭头为输入量(拉式变换式),框右边向外箭头为输出量(拉式变换式)。框图为系统中一个相对独立的单元的传递函数 $G(s)$,它们之间的关系为 $C(s)=G(s)R(s)$。

2.3.2 典型环节的传递函数

任何一个复杂的系统,都是由若干元件或部件有机组合而成的。从形式和结构上看,有各种不同的部件;从动态性能或数学模型来看,又可分成不同的基本环节,也就是典型环节。掌握这些典型环节的特性,可以更方便地分析较复杂系统内部各单元的联系。典型环节有比例环节、积分环节、微分环节、惯性环节、时滞环节、振荡环节等,现介绍如下:

1. 比例环节

比例环节的传递函数为

$$G(s)=K$$

式中,K 为一常量。

可用方框图来表示一个比例环节,如图 2-5 所示。比例环节的特点是其输出不失真,不延迟,可成比例地复现输入信号的变化。无弹性变形的杠杆、电位器、不计饱和的电子放大器、测速发电机等都可认为是比例环节。

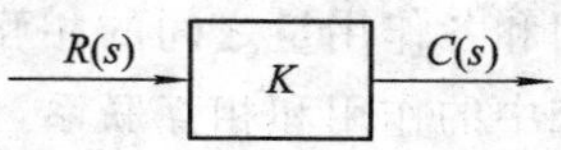

$$R(s) \quad \boxed{K} \quad C(s)$$

图 2-5　比例环节

2. 惯性环节

惯性环节的传递函数为

$$G(s)=\frac{1}{1+Ts}$$

式中,T 为惯性环节的时间常数。

可用方框图来表示一个惯性环节,如图 2-6 所示。惯性环节的特点是其输出量不能瞬时完成与输入量完全一致的变化。RC 电路、RL 电路、直流电动机电枢回路都可认为是惯性环节。

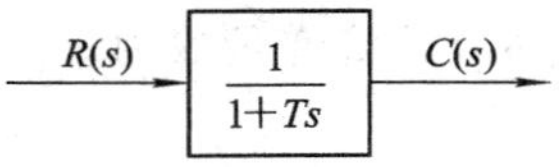

$$R(s) \longrightarrow \boxed{\dfrac{1}{1+Ts}} \longrightarrow C(s)$$

图 2-6 惯性环节

3. 积分环节

积分环节的传递函数为

$$G(s) = \frac{1}{Ts}$$

式中，T 为积分时间常数。

可用方框图来表示一个积分环节，如图 2-7 所示。积分环节的特点是输出量与输入量对时间的积分成正比。若输入突变，输出值要等时间 T 之后才等于输入值，故有滞后作用。输出积累一段时间后，即便使输入为零，输出也将保持原值不变，有记忆功能。

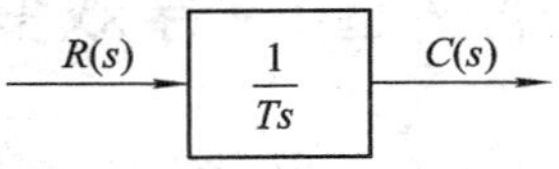

$$R(s) \longrightarrow \boxed{\dfrac{1}{Ts}} \longrightarrow C(s)$$

图 2-7 积分环节

4. 微分环节

微分环节的传递函数为

$$G(s) = Ts$$

式中，T 为微分时间常数。

可用方框图来表示一个微分环节，如图 2-8 所示。微分环节的特点是输出量与输入量对时间的微分成正比，由微分环节的输出来反映输入信号的变化趋势，加快系统控制作用的实现。常用微分环节来改善系统的动态性能。

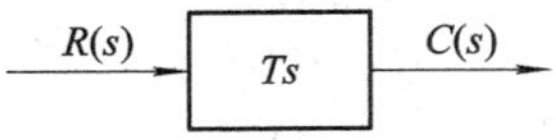

$$R(s) \longrightarrow \boxed{Ts} \longrightarrow C(s)$$

图 2-8 微分环节

5. 时滞环节

时滞环节的传递函数为

$$G(s) = e^{-\tau s}$$

式中，τ 为延时时间。

可用方框图来表示一个时滞环节，如图 2-9 所示。时滞环节的特点是输出波形和输入波形相同，但是延迟了时间 τ。时滞环节的存在对系统的稳定性不利。

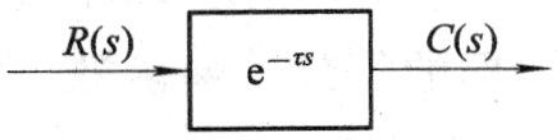

$$R(s) \longrightarrow \boxed{e^{-\tau s}} \longrightarrow C(s)$$

图 2-9 时滞环节

6. 振荡环节

振荡环节也称二阶环节。振荡环节的传递函数为

$$G(s) = \frac{\omega_n^2}{s^2 + 2\zeta\omega_n s + \omega_n^2}$$

式中，T 为时间常数；ζ 为阻尼比。

可用方框图来表示一个振荡环节，如图 2-10 所示。振荡环节的特点是若输入为阶跃信号，则其动态响应具有衰减振荡的形式。

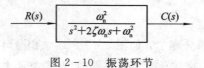

图 2-10　振荡环节

2.4　动态结构图的等效变换及化简

动态结构图是一种方框图，是系统数学模型的另一种形式。用它来表示控制系统，不仅能简明地标识出系统中各变量之间的数学关系及信号的传递过程，也能根据等效变换原则，在化简动态结构图的同时，求出系统的传递函数。

结构图的变换应按等效原则进行。等效的含义是对结构图的任一部分进行变换时，变换前后输入/输出总的数学关系保持不变。此外，等效变化应尽量简单。

2.4.1　串联连接

方框与方框首尾相连，前一个方框的输出作为后一个方框的输入，则该结构形式称为串联连接。传递函数分别为 $G_1(s)$ 和 $G_2(s)$ 的两个方框，若 $G_1(s)$ 的输出量作为 $G_2(s)$ 输入量，则 $G_1(s)$ 和 $G_2(s)$ 串联，如图 2-11 所示。

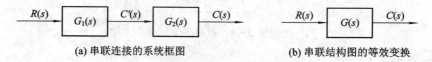

(a) 串联连接的系统框图　　　　　　(b) 串联结构图的等效变换

图 2-11　串联连接的框图运算

可以得出

$$C'(s) = G_1(s)R(s)$$
$$C(s) = G_2(s)C'(s)$$

则

$$C(s) = G_1(s)G_2(s)R(s)$$

式中，$G(s) = G_1(s)G_2(s)$，是串联方框的等效传递函数，可用图 2-11(b) 所示。

两个传递函数串联的等效传递函数，等于该两个传递函数的乘积。这个结果可推广到 n 个串联连接的方框。

例 2-1 若系统框图如 2-11(a) 所示，$R(s) = \dfrac{1}{s}$，$G_1(s) = \dfrac{5}{2s+1}$，$G_2(s) = \dfrac{2s+1}{s^2+2s+2}$，求 $C(s)$。

解

$$C'(s) = G_1(s)R(s) = \frac{5}{2s+1} \cdot \frac{1}{s} = \frac{5}{2s^2+s}$$

$$C(s) = G_2(s)C'(s) = \frac{2s+1}{s^2+2s+2} \cdot \frac{5}{2s^2+s} = \frac{5}{s^3+2s^2+2s}$$

所以

$$C(s) = \frac{5}{s^3+2s^2+2s}$$

2.4.2 并联连接

两个或两个以上方框有相同的输入量，以各方框输出的代数和作为总输出，则这种结构称为并联连接，如图 2-12 所示。

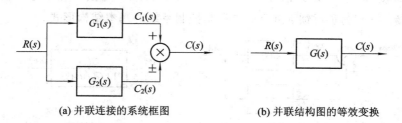

(a) 并联连接的系统框图　　　　(b) 并联结构图的等效变换

图 2-12　并联连接的框图运算

由图 2-12(a) 可以得出

$$C_1(s) = G_1(s)R(s)$$
$$C_2(s) = G_2(s)R(s)$$
$$C(s) = C_1(s) \pm C_2(s)$$

则

$$C(s) = [G_1(s) \pm G_2(s)]R(s) = G(s)R(s)$$

式中，$G(s) = G_1(s) \pm G_2(s)$，是并联方框的等效传递函数，可用图 2-12(b) 所示。

两个传递函数并联的等效传递函数，等于该两个传递函数的乘积代数和。这个结果可推广到 n 个并联连接的方框。

例 2-2 传递函数的连接如图 2-13 所示，求输出量 $C(s)$ 与输入量 $R(s)$ 之间的关系。

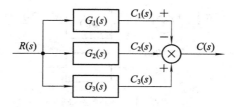

图 2-13　例题 2-2

解 如图 2-13 所示，由于每个环节的输入与输出量之间的关系是

$$C_1(s) = G_1(s)R(s)$$

$$C_2(s) = G_2(s)R(s)$$

$$C_3(s) = G_3(s)R(s)$$

$$C(s) = C_1(s) - C_2(s) + C_3(s)$$

则

$$C(s) = G_1(s)R(s) - G_2(s)R(s) + G_2(s)R(s)$$

$$= [G_1(s) - G_2(s) + G_2(s)]R(s)$$

所以

$$\frac{C(s)}{R(s)} = G_1(s) - G_2(s) + G_2(s)$$

2.4.3 反馈连接

若传递函数 $G(s)$ 与 $H(s)$ 以如图 2-14(a) 所示的形式连接，则称为反馈连接，其中"＋"为正反馈，"－"为负反馈。负反馈连接是控制系统的基本结构形式。

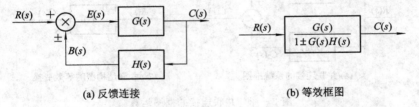

(a) 反馈连接　　　　　　　　　　　(b) 等效框图

图 2-14　反馈连接的等效变换

由图 2-14(a) 可得

$$C(s) = E(s)G(s) = [R(s) \mp B(s)]G(s)$$

$$= R(s)G(s) \mp H(s)C(s)G(s)$$

则

$$\frac{C(s)}{R(s)} = \frac{G(s)}{1 \pm G(s)H(s)}$$

该反馈系统的等效框图如图 2-14(b) 所示。

例 2-3 传递函数的连接如图 2-15 所示，求输出量 $C(s)$ 与输入量 $R(s)$ 之间的关系。

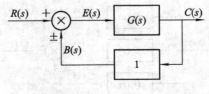

图 2-15　例题 2-3

解 由图 2-15 可得

$$C(s) = E(s)G(s) = [R(s) \mp B(s)]G(s)$$
$$= R(s)G(s) \mp H(s)C(s)G(s)$$
$$= R(s)G(s) \mp C(s)G(s)$$

则

$$\frac{C(s)}{R(s)} = \frac{G(s)}{1 \pm G(s)}$$

当反馈环节 $H(s)=1$ 时，常称为单位反馈。

2.4.4　综合点与引出点的移动

在部分电路中，反馈回路都不是相互独立的，而是通过综合点或引出点相互交叉在一起，所以需要进行化简。在保持总的传递函数不变的情况下，设法将综合点或引出点的位置进行移动，消除回路中的交叉联系后再作进一步变换。移动分为四种情况：

1. 相邻综合点之间的移动

图 2-16 为相邻两个综合点前后移动的变换。由于总的输出 $C(s)$ 是 $R(s)$、$X(s)$、$Y(s)$ 3 个信号的代数和，因此更换综合点的位置，不会影响总的输出输入关系。

移动前：$C(s)=R(s)\pm X(s)\pm Y(s)$，如图 2-16(a)所示；

移动后：$C(s)=R(s)\pm Y(s)\pm X(s)$，如图 2-16(b)所示。

经比较后可得出，多个相邻综合点之间可以任意调换位置。

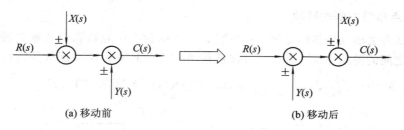

(a) 移动前　　　　　　　　　　　　　(b) 移动后

图 2-16　相邻综合点之间的位置变换

2. 综合点相对方框的移动

图 2-17 为综合点前移的变换。若将图 2-17 中的综合点前移到方框的输入端，并且要保持信号之间的关系不变，那么必须在被移动的通路上串上 $G(s)$ 倒数的方框。

移动前：$C(s)=G(s)R(s)\pm X(s)$，如图 2-17(a)所示；

移动后：$C(s)=G(s)[R(s)\pm G(s)^{-1}X(s)]=G(s)R(s)\pm X(s)$，如图 2-17(b)所示。

经比较后可得出，两者是完全等效的。

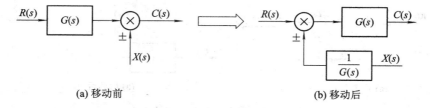

(a) 移动前　　　　　　　　　　　　　(b) 移动后

图 2-17　综合点前移的等效变换

同理，综合点后移的变换如图 2-18 所示。

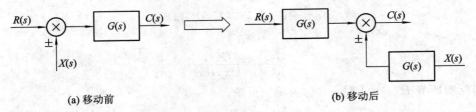

(a) 移动前　　　　　　　　　　　　　(b) 移动后

图 2-18　综合点后移的等效变换

3. 相邻引出点之间的移动

图 2-19 为相邻两个引出点前后移动的变换。若干个引出点相邻，是同一个信号送到不同的地方。所以，引出点之间相互交换位置，完全不会改变引出信号的性质。

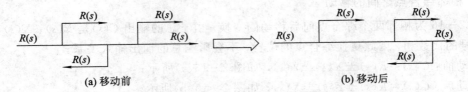

(a) 移动前　　　　　　　　　　　　　(b) 移动后

图 2-19　相邻引出点的移动变换

4. 引出点相对方框的移动

图 2-20 为引出点后移的变换。若将图 2-19 中的引出点后移到方框的输出端，并且要保持信号之间的关系不变，那么必须在被移动的通路上串上 $G(s)$ 倒数的方框。

移动后：$R(s)=\dfrac{1}{G(s)}C(s)=\dfrac{1}{G(s)}G(s)R(s)=R(s)$，如图 2-21(b) 所示。

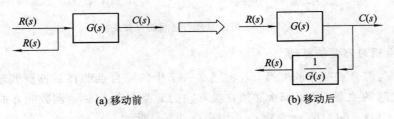

(a) 移动前　　　　　　　　　　　　　(b) 移动后

图 2-20　引出点后移的等效变换

同理，引出点前移的等效变换如图 2-21 所示。

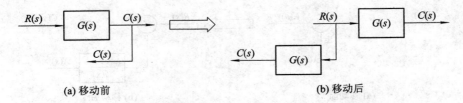

(a) 移动前　　　　　　　　　　　　　(b) 移动后

图 2-21　引出点前移的等效变换

例 2-4 用结构图的等效变换,求图 2-22 所示系统中的传递函数。

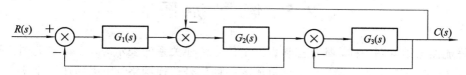

图 2-22 例 2-4 结构图

解 图 2-23 所示系统是一个有相互交叉的回路,所以先要用引出点或综合点的移动来消除相互交叉的回路,然后应用串并联和反馈连接等变换规则求取其等效传递函数。化简步骤如图 2-23~图 2-27 所示。

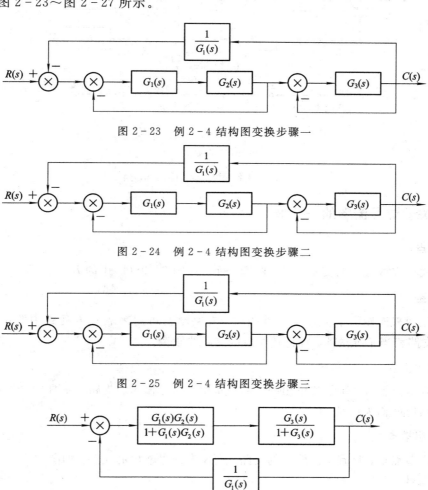

图 2-23 例 2-4 结构图变换步骤一

图 2-24 例 2-4 结构图变换步骤二

图 2-25 例 2-4 结构图变换步骤三

图 2-26 例 2-4 结构图变换步骤四

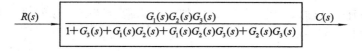

图 2-27 例 2-4 结构图变换步骤五

2.5 信号流图

信号流图与结构图一样,都是控制系统中信号传递关系的表示方法。信号流图起源于梅逊的图解法,信号流图是由节点和支路组成的一种信号传递网络,用来描述一个或一组线性代数方程式。信号流图与结构图相比,容易绘制和运用。典型的信号流图如图 2-28(b)所示,与图 2-28(a)结构图相对应。

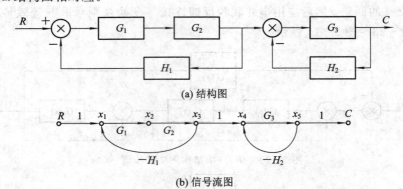

(a) 结构图

(b) 信号流图

图 2-28 多回路系统的结构图与信号流图

2.5.1 关于信号流图的一些概念

1. 节点

节点代表方程式中的变量,用小圆圈表示,如图 2-28(b)中的 R、x_1 等。

2. 支路

支路是用来连接两个节点的定性线段。支路增益可用来表示方程式中两个变量的因果,因此支路相当于乘法器,标记在相应的支路线段旁。

3. 输入节点

在输入节点上,只有信息输出的支路,而没有信号输入的支路。如图 2-28(b)中的 R,一般表示系统的输入信号。

4. 输出节点

在输出节点上,只有信息输入的支路,而没有信号输出的支路。如图中 C,一般表示系统的输出信号。

5. 混合节点

既有输入支路又有输出支路的节点称为混合节点,如图 2-28(b)中的 x_1、x_2 等。在混合节点上,如果有多个输入支路,则它们相加后成为混合节点信号的值,从该混合节点输出的支路都取该值。

6. 前向通路

前向通路是指从输入节点开始到输出节点传递时,每个节点只通过一次的通路。前向通路上各支路增益之乘积，称为前向通路增益。如图 2-28(b)中 $R \to x_1 \to x_2 \to x_3 \to x_4 \to x_5$ $\to C$ 的前向通路，其前向通路增益为 $G_1 G_2 G_3$。

7. 回路

如果通路的起点和中点在同一节点上，并且与任何其他节点相交不多于一次，则该通路称为回路。回路中各支路增益的乘积称为回路增益。如图 2-28(b)中 $x_1 \to x_2 \to x_3 \to x_1$ 的回路中，相应的回路增益为 $-G_1 G_2 H_1$。

8. 不接触回路

在信号流图多个回路中，各回路之间没有公共节点，这种回路称为不接触回路。在图 2-28(b)中，$x_1 \to x_2 \to x_3 \to x_1$ 和 $x_4 \to x_5 \to x_4$ 两个回路称为不接触回路。

2.5.2 信号流图的绘制

信号流图可根据系统微分方程经过拉普拉斯变换后绘制，也可以由系统结构图按照对应关系得到。本章节主要介绍由系统结构图绘制信号流图。

在系统结构图中，传递的信号标记在信号线上，方框是对变量进行变换或运算的算子。所以，在绘制过程中，用小圆圈标志出传递的信号，得到节点；用标有传递函数的有向线段来表示结构图中的方框，得到支路。这样，就可以把系统结构图变换成相应的信号流图了。

变换过程中注意以下两点：

(1) 变换过程中要注意对综合点的处理。结构图的节点表示的是所有输入到该节点的信号相加。在结构图中，综合点的"一"转化成信号流图支路上的负增益，如图 2-29 所示。

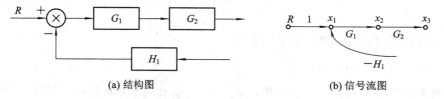

(a) 结构图   (b) 信号流图

图 2-29 结构图综合点的处理

(2) 在信号流图中，若比较点之前没有引出点，但是比较点之后有引出点时，只需要在比较点后设置一个节点；若比较点之前有引出点时，需要在引出点和比较点各设置一个节点，分别标志两个变量，它们之间的支路增益为 1。

例 2-5 试将如图 2-30 所示系统的结构图转化为信号流图。

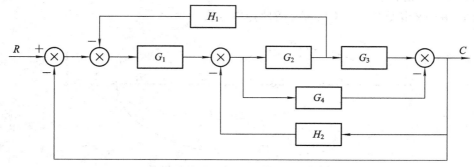

图 2-30 例 2-5 系统的结构图

解 首先，将结构图上的综合点和引出点在信号流图上用小圆圈标注（即节点）；其次，在信号流图上用有向线段连接相邻节点（称为支点），并在支路旁标注上相应的传递函数（注意正负号）；最后简化图形，去掉不必要的节点。如图 2-31 中，x_1 和 x_2 两个节点可以合并。

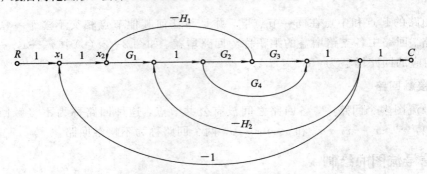

图 2-31 例 2-5 系统的信号流图

2.6 梅逊公式

信号流图与结构图情况类似，可经过等效变换求出传递函数。但应用梅逊公式，不经任何结构变换，就能直接得到系统的传递函数。这里只给出公式，不作证明。

梅逊公式的表达式为

$$P = \frac{\sum_{k=1}^{n} P_k \Delta_k}{\Delta}$$

式中，P 为系统等效传递函数；Δ 为特征式，且

$$\Delta = 1 - \sum L_i + \sum L_i L_j - \sum L_i L_j L_k + \cdots$$

$\sum L_i$ 为所有回路的回路传递函数之和；$\sum L_i L_j$ 为所有两个互不接触回路的回路传递函数之和；$\sum L_i L_j L_k$ 为所有三个互不接触的回路传递函数之和；n 为从输入节点到输出节点所有前向通路的条数；P_k 为从输入节点到输出节点第 k 条前向通路的传递函数；Δ_k 为与第 k 条前向通路不接触部分的 Δ 值，称为第 k 条前向通路的余子式。

注意：回路传递函数是指反馈回路的前向通路和反馈通路的传递函数的乘积，并包含代表反馈极性的正、负号。

例 2-6 求出图 2-32 中信号流图的传递函数。

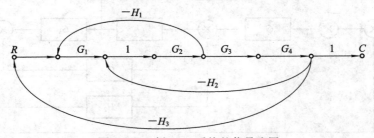

图 2-32 例 2-6 系统的信号流图

解 图中共有三个回路,各回路的传递函数分别为

$$L_1 = -G_1 G_2 H_1$$

$$L_2 = -G_2 G_3 G_4 H_2$$

$$L_3 = -G_1 G_2 G_3 G_4 H_3$$

所以

$$\sum L_i = L_1 + L_2 + L_3 = -G_1 G_2 H_1 - G_2 G_3 G_4 H_2 - G_1 G_2 G_3 G_4 H_3$$

系统的所有回路都相互接触,故特征式为

$$\Delta = 1 - \sum L_i = 1 + G_1 G_2 H_1 + G_2 G_3 G_4 H_2 + G_1 G_2 G_3 G_4 H_3$$

图中共有前向通路一条,各前向通路的传递函数为

$$P_1 = G_1 G_2 G_3 G_4$$

该条前向通路与所有回路都有接触,所以余子式为

$$\Delta_1 = 1$$

所以,由梅逊公式得到系统的传递函数为

$$G(s) = \frac{P_1 \Delta_1}{\Delta} = \frac{G_1 G_2 G_3 G_4}{1 + G_1 G_2 H_1 + G_2 G_3 G_4 H_2 + G_1 G_2 G_3 G_4 H_3}$$

2.7 控制系统的传递函数

闭环控制系统的典型动态结构图如图 2-33 所示。图中 $R(s)$ 为输入量,$C(s)$ 为输出量,$N(s)$ 为扰动量。系统的输入量包括给定信号和扰动信号。对于线性系统,可以分别求出给定信号和干扰信号单独作用下系统的传递函数。当两个信号同时作用于系统时,可以运用叠加原理,求出系统的输出量。下面介绍反馈控制系统传递函数的一般概念。

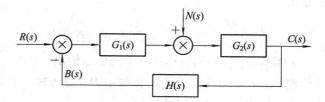

图 2-33 闭环控制系统的典型动态结构图

1. 闭环系统的开环传递函数

定义闭环系统的开环传递函数为

$$G_0(s) = \frac{B(s)}{R(s)} = G_1(s) G_2(s) H(s)$$

2. 系统的闭环传递函数

(1) 在输入量 $R(s)$ 作用下的闭环传递函数和系统的输出。

若仅考虑输入量 $R(s)$ 的作用,暂时不考虑扰动量 $N(s)$,则图 2-33 可简化如图 2-34 所示的形式。

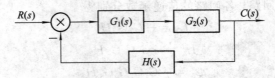

图 2-34 R(s)作用下系统的动态结构图

从而，得到输出量对输入量的闭环传递函数 $G_R(s)$ 为

$$G_R(s) = \frac{C_R(s)}{R(s)} = \frac{G_1(s)G_2(s)}{1+G_1(s)G_2(s)H(s)}$$

此时系统的输出量为

$$C_R(s) = G_R(s)R(s) = \frac{G_1(s)G_2(s)}{1+G_1(s)G_2(s)H(s)} \cdot R(s)$$

（2）在扰动量 $N(s)$ 作用下的闭环传递函数和系统的输出。

若仅考虑扰动量 $N(s)$ 的作用，暂时不考虑输入量 $R(s)$，则图 2-34 可简化如图 2-35 所示的形式。

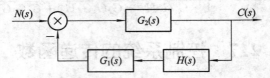

图 2-35 N(s)作用下系统的动态结构图

从而，得到输出量对输入量的闭环传递函数 $G_N(s)$ 为

$$G_N(s) = \frac{C_N(s)}{N(s)} = \frac{G_2(s)}{1+G_1(s)G_2(s)H(s)}$$

此时系统的输出量为

$$C_N(s) = G_N(s)N(s) = \frac{G_2(s)}{1+G_1(s)G_2(s)H(s)} \cdot N(s)$$

（3）在输入量 $R(s)$ 和扰动量 $N(s)$ 同时作用下系统的总输出。

由于设定此系统为线性系统，因此可以使用叠加定理，即当输入量和扰动量同时作用时，系统的输出可看成两个作用量分别作用的叠加，有

$$C(s) = C_R(s) + C_N(s) = \frac{G_1(s)G_2(s)}{1+G_1(s)G_2(s)H(s)} \cdot R(s) + \frac{G_2(s)}{1+G_1(s)G_2(s)H(s)} \cdot N(s)$$

3. 系统的误差传递函数

在系统分析时，除了要了解输出量的变化规律之外，还经常需要考虑控制过程中误差的变化规律。系统的误差大小直接反映了系统工作的精度，因此，思考误差和系统的输入量和扰动量之间的关系很重要。

定义系统的偏差为

$$E(s) = R(s) - B(s)$$

则可定义偏差传递函数如图 2-36 所示。

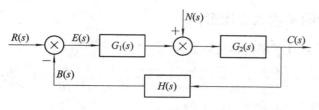

图 2-36　偏差传递函数

（1）在输入量 $R(s)$ 作用下的偏差传递函数。

若仅考虑输入量 $R(s)$ 的作用，暂时不考虑扰动量 $N(s)$，则图 2-36 可简化如图 2-37 所示的形式。

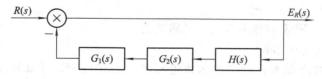

图 2-37　$R(s)$ 作用下系统的偏差传递函数框图

从而，得到输出量对输入量的闭环传递函数 $G_{ER}(s)$ 为

$$G_{ER}(s) = \frac{E_R(s)}{R(s)} = \frac{1}{1 + G_1(s)G_2(s)H(s)}$$

（2）在扰动量 $N(s)$ 作用下的偏差传递函数。

若仅考虑扰动量 $N(s)$ 的作用，暂时不考虑输入量 $R(s)$，则图 2-36 可简化如图 2-38 所示的形式。

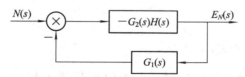

图 2-38　$N(s)$ 作用下系统的偏差传递函数框图

从而，得到输出量对输入量的闭环传递函数 $G_{EN}(s)$ 为

$$G_{EN}(s) = \frac{E_N(s)}{N(s)} = \frac{-G_2(s)H(s)}{1 + G_1(s)G_2(s)H(s)}$$

（3）在输入量 $R(s)$ 和扰动量 $N(s)$ 同时作用下系统的偏差。

由于设定此系统为线性系统，因此可以使用叠加定理，即当输入量和扰动量同时作用时，系统的偏差可看成两个作用量分别作用的叠加，有

$$E(s) = E_R(s) + E_N(s) = \frac{1}{1 + G_1(s)G_2(s)H(s)} \cdot R(s) - \frac{G_2(s)H(s)}{1 + G_1(s)G_2(s)H(s)} \cdot N(s)$$

2.8　控制系统数学模型的 MATLAB 描述

控制系统分析首先需要建立系统的数学模型。下面介绍系统数学模型的 MATLAB 描述方法。

2.8.1 传递函数的多项式之比形式

单输入、单输出线性系统的传递函数为

$$G(s) = \frac{C(s)}{R(s)} = \frac{b_0 s^m + b_1 s^{m-1} + \cdots + b_{m-1}s + b_m}{a_0 s^n + a_1 s^{n-1} + \cdots + a_{n-1}s + a_n} = \frac{\text{num}(s)}{\text{den}(s)}$$

是由分子与分母多项式之比的形式表示的。

MATLAB 用行向量表征多项式，行向量的元素为降幂排列的多项式系数。n 次多项式用长度为 $n+1$ 的行向量表示，缺少的幂次项系数为 0，必须输入，不可缺省。

传递函数中分子多项式和分母多项式分别为

num = [b0 b1 ⋯ bm]

den = [a0 a1 ⋯ an]

则传递函数 $G(s)$ 可由函数 tf 唯一确定，其格式为

G(s)=tf(num, den)

如需要将多项式之比形式的传递函数进行部分分式展开，可以使用 residue 函数，格式为

[k, p, r]=residue(num, den)

其中三个返回参数 k、p、r 分别是子传递函数的系数、极点、余项。

将部分分式表示的传递函数转换为多项式之比形式可以采用同样的函数

[num, den]=residue(k, p, r)

多项式乘法运算为

k=conv(p, q)

多项式除法运算为

k=deconv(p, q)

其中 k 是多项式 p 除以 q 的商；r 是余式。

例 2-7 用 MATLAB 写出控制系统的闭环传递函数 $G(s) = \dfrac{(s+6)(s+2)}{s(s^2+6s+9)}$，并用 MATLAB 表示为多项式之比形式，并展开为部分分式。

解 用以下命令将闭环传递函数表示为多项式之比形式：

≫ num1=[1 6];num2=[1 2];den=[1 6 9 0];

≫num=conv(num1, num2);

≫sys=tf(num, den)

Transfer function：

s^2 + 8 s + 12

————————————————————

s^3 + 6 s^2 + 9 s

部分分式展开，继续以下命令：

≫ [k, p, r]=residue(num, den)

k =

−0.3333

1.0000

1.3333

p =

−3.0000

−3.0000

0

r =[]

由运行结果可知

$$G(s) = \frac{-0.3333}{s+3} + \frac{1}{s+3} + \frac{1.3333}{s}$$

2.8.2 应用 MATLAB 函数化简结构图

应用 MATLAB 进行结构图化简，可以归为处理串联、并联和反馈三种基本情况。

设 $G_1(s)O$ 和 $G_2(s)O$ 分别进行以串联、并联、反馈的形式连接，则连接后的传递函数由以下函数实现：

串联的转换函数为

    [num，den]＝series(num1，den1，num2，den2)，

或

    sys＝series(sys1，sys2)

并联的转换函数为

    [num，den]＝parallel(num1，den1，num2，den2)

或

    sys＝parallel(sys1，sys2)

反馈的转换函数为

    [num，den]＝feedback(num1，den1，num2，den2，sign)

或

    sys＝feedback(sys1，sys2，sign)

函数中 $G_1(s)$ 分子、分母多项式降幂排列的系数向量为 num1、den1，$G_2(s)$ 分子、分母多项式降幂排列的系数向量为 num2、den2，$G_1(s)$ 和 $G_2(s)$ 由 tf 或 zpk 函数定义的传递函数变量为 sys1、sys2。

例 2 - 8 如图 2 - 39 所示的控制系统，其中 $G_1(s) = \dfrac{s}{s^2+5s+3}$，$G_2(s) = \dfrac{1}{s+7}$，$G_3(s) = \dfrac{1}{s}$，$H(s) = \dfrac{s+1}{s+3}$，求闭环传递函数 $\dfrac{C(s)}{R(s)}$。

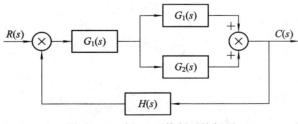

图 2 - 39 例 2 - 8 控制系统框图

解 用以下命令求出闭环传递函数：

```
>> num1=[1 0];den1=[1 5 3];sys1=tf(num1, den1);
>> num2=[1];den2=[1 7];sys2=tf(num2, den2);
>> num3=[1];den3=[1 0];sys3=tf(num3, den3);
>> numh=[1 1];denh=[1 3];sysh=tf(numh, denh);
>> sys4=parallel(sys2, sys3);        %先求出 G₂ 和 G₃ 并联后的传递函数，赋给变量 sys4
>> sysg=series(sys1, sys4);          %前向回路传递函数为 sysg
>> sysg=minreal(sysg);               %削去公因式
>> sys=feedback(sysg, sysh, −1)      %加入负反馈，得到输入对输出的传递函数
Transfer function：
        2 s^2 + 13 s + 21
   ─────────────────────────────────────
   s^4 + 15 s^3 + 76 s^2 + 144 s + 70
```

单 元 小 结

（1）建立微分方程的一般步骤是：

① 充分了解系统的工作原理、结构组成和支持系统运动的物理规律，找出各物理量之间所遵循的物理规律，确定系统的输入量和输出量。

② 一般从系统的输入端开始，根据各元件或环节所遵循的基本物理规律，分别列出相应的微分方程。

③ 消除中间变量，将与输入量相关的项写在方程式等号的右边，与输出量有关的项写在等号的左边。

（2）典型环节的传递函数有：

① 比例环节：

$$G(s)=K$$

② 惯性环节：

$$G(s)=\frac{1}{1+Ts}$$

③ 积分环节：

$$G(s)=\frac{1}{Ts}$$

④ 微分环节：

$$G(s)=Ts$$

⑤ 时滞环节：

$$G(s)=e^{-\tau s}$$

⑥ 振荡环节：

$$G(s)=\frac{\omega_n^2}{s^2+2\zeta\omega_n s+\omega_n^2}$$

（3）对动态结构图进行化简，并求得系统的传递函数。化简有两种方法：等效变换和梅

逊公式。

（4）系统的传递函数可分为开环传递函数、闭环传递函数和误差传递函数等。

1. 利用结构图化简求图 2-40 所示系统的传递函数。

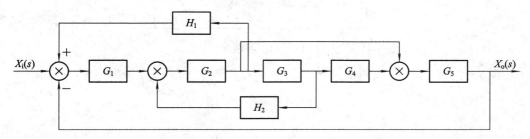

图 2-40 习题 1 图

2. 根据图 2-41 所示的系统结构图，求系统开环、闭环以及误差传递函数。

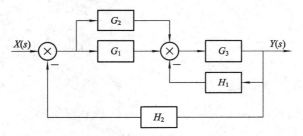

图 2-41 习题 2 控制系统框图

3. 求图 2-42 所示 RC 串联网络的传递函数。

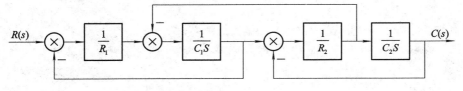

图 2-42 习题 3 控制系统框图

4. 系统的信号流图如图 2-43 所示，试用梅逊公式求 $C(s)/R(s)$。

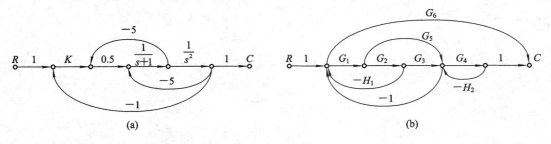

图 2-43 习题 4

5. 求图 2-44 所示系统的传递函数 $C(s)/R(s)$。

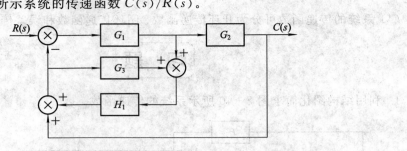

图 2-44　习题 5

单元三　自动控制系统的性能指标与时域分析

本单元首先介绍典型输入信号的形式、一阶系统的动态响应、系统的动态性能指标、系统稳定的条件与劳斯判据、稳态误差的概念与计算方法，最后举例说明如何应用 MAT-LAB 软件进行控制系统时域分析。

 学习目标

(1) 了解典型输入信号的形式。

(2) 会利用劳斯判据判断系统的稳定性。

(3) 理解稳态误差的概念，掌握稳态误差的计算方法。

(4) 能用 MATLAB 进行控制系统时域分析。

3.1　瞬 态 响 应

瞬态响应是指系统在输入信号作用下，输出量从初始状态到进入稳定状态之间随时间变化的过程。通过分析系统的瞬态响应，能了解系统的稳定性和动态性能。

3.1.1　典型输入信号

典型输入信号是对复杂的实际信号的一种近似和抽象。控制系统常用的典型输入信号有单位阶跃信号、单位斜坡信号、单位抛物线信号、正弦信号等。

1. 单位阶跃信号

图 3-1 所示为单位阶跃信号，单位阶跃信号的定义为

$$1(t) = \begin{cases} 1 & t \geqslant 0 \\ 0 & t < 0 \end{cases}$$

其拉式变换为

$$\mathscr{L}[1(t)] = \mathscr{L}[1] = \frac{1}{s}$$

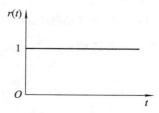

图 3-1　单位阶跃信号

在时域分析中，阶跃信号用的较为广泛。如指令突然转换、合闸、负荷突变都可近似看成是阶跃信号。

2. 单位斜坡信号

图 3-2 所示为单位斜坡信号，单位斜坡信号的定义为

$$t \cdot 1(t) = \begin{cases} t & t \geqslant 0 \\ 0 & t < 0 \end{cases}$$

其拉式变换为

$$\mathscr{L}[t \cdot 1(t)] = \mathscr{L}[t] = \frac{1}{s^2}$$

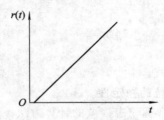

图 3-2　单位斜坡信号

在时域分析中，随动系统中恒速变化的位置指令信号、数控机床斜面的进给指令和机械手的等速移动指令等都可近似看成是斜坡信号。

3. 单位抛物线信号

图 3-3 所示为单位抛物线信号，单位抛物线信号的定义为

$$r(t) = \begin{cases} \dfrac{1}{2}t^2 & t \geqslant 0 \\ 0 & t < 0 \end{cases}$$

其拉式变换为

$$\mathscr{L}[r(t)] = \mathscr{L}\left[\frac{t^2}{2}\right] = \frac{1}{s^3}$$

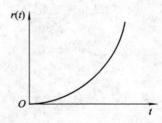

图 3-3　单位抛物线信号

抛物线信号可模拟恒定加速度变化的物理量。

4. 正弦信号

正弦信号的定义为

$$r(t) = \begin{cases} A\sin\omega t & t \geqslant 0 \\ 0 & t < 0 \end{cases}$$

其拉式变换为

$$\mathscr{L}\left[r(t)\right]=\mathscr{L}\left[A\sin\omega t\right]=\frac{A\omega}{s^2+\omega^2}$$

在实际控制过程中，电源及振动的噪声、海浪对船舶的扰动力等可近似看成正弦信号。

3.1.2　瞬态响应的性能指标

在典型输入信号作用下，任何一个控制系统的时间响应都可以看成动态过程和稳态过程的部分。动态过程又可称为过渡过程或瞬态过程，是指系统从初始状态到接近最终状态的响应过程。稳态过程是指时间 t 趋于无穷时系统的输出状态。稳态过程又称稳态响应，表征系统输出量最终复现输入量的程度，提供系统有关稳态误差的信号。稳态过程用稳态性能描述。

为了便于分析和比较，在系统能稳定工作的前提下，其瞬态性能通常以初始条件为零时系统对单位阶跃输入信号的响应特性来衡量，如图 3-4 所示。

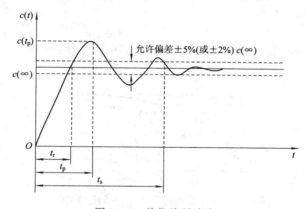

图 3-4　单位阶跃响应

时域瞬态响应的性能指标一般有：

1. 上升时间 t_r

上升时间 t_r 是指系统的单位阶跃响应曲线从 0 开始到第一次到稳态值所需要的时间。t_r 越小，表明系统动态响应越快。

2. 峰值时间 t_p

峰值时间 t_p 是指系统的单位阶跃响应曲线由 0 开始越过稳态值第一次到达峰值所需要的时间。

3. 超调量 $\sigma\%$

超调量 $\sigma\%$ 是指系统的单位阶跃响应曲线超出稳态值的最大偏离量占稳态值的百分比，即

$$\sigma\%=\frac{c(t_p)-c(\infty)}{c(\infty)}\times100\%$$

若 $c(t_p)<c(\infty)$，则响应无超调。$\sigma\%$ 反映的是系统响应过程中的平稳性。

4. 调节时间 t_s

调节时间 t_s 是指系统的单位阶跃响应曲线达到并保持在稳态值的 $\pm5\%$（或 $\pm2\%$）误差

范围内，即输出响应进入并保持在±5%（或±2%）误差带之内所需要的时间。t_s越小，表示系统动态响应过程越短，系统快速性越好。

3.1.3 一阶系统的瞬态响应

能够用一阶微分方程描述的系统称为一阶系统，它的典型形式是一阶惯性环节，即

$$G(s) = \frac{C(s)}{R(s)} = \frac{1}{Ts+1}$$

1. 一阶系统的单位阶跃响应

当$r(t)=1(t)$时，有

$$R(s) = \frac{1}{s}$$

$$C(s) = G(s) \cdot R(s) = \frac{1}{Ts+1} \cdot \frac{1}{s} = \frac{1}{s} - \frac{T}{Ts+1}$$

对其进行拉式变换，得到

$$c(t) = 1 - e^{-t/T}, \quad t \geqslant 0$$

一阶惯性环节在单位阶跃输入下的响应曲线如图3-5所示。

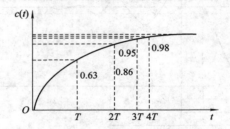

图3-5 一阶惯性环节的单位阶跃响应曲线

2. 一阶系统的单位斜坡响应

当$r(t)=t$时，有

$$R(s) = \frac{1}{s^2}$$

$$C(s) = G(s) \cdot R(s) = \frac{1}{Ts+1} \cdot \frac{1}{s^2} = \frac{1}{s^2} - \frac{T}{s} + \frac{T}{s+1/T}$$

对其进行拉式变换，得到

$$c(t) = t - T + Te^{-t/T}, \quad t \geqslant 0$$

单位斜坡响应曲线如图3-6所示。

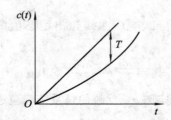

图3-6 一阶惯性环节的单位斜坡响应曲线

输入与输出间的误差为

$$e(t) = r(t) - c(t) = T(1 - e^{-t/T})$$

3.1.4　二阶系统的瞬态响应

可用二阶微分方程描述其动态过程的系统称为二阶系统。在分析和设计控制系统时，常常把二阶系统的响应特性视为一种基准，因为在工程实际中，可用二阶模型描述其运动规律。因此，二阶系统的瞬态响应分析在自动控制理论中有着重要的地位。

1. 二阶系统的典型传递函数

$$G(s) = \frac{C(s)}{R(s)} = \frac{\omega_n^2}{s^2 + 2\zeta\omega_n s + \omega_n^2}$$

式中，ζ 为阻尼比；ω_n 为无阻尼自然振荡频率。

若令

$$s^2 + 2\zeta\omega_n s + \omega_n^2 = 0$$

则两个特征根为

$$s_{1,2} = -\zeta\omega_n \pm \omega_n \sqrt{\zeta^2 - 1}$$

二阶系统的典型传递函数也可写成如下形式

$$G(s) = \frac{C(s)}{R(s)} = \frac{1}{T^2 s^2 + 2\zeta T s + 1}$$

其中

$$T = \frac{1}{\omega_n}$$

2. 二阶系统的单位阶跃响应

1）欠阻尼

当 $0 < \zeta < 1$ 时，称为欠阻尼。此时，其传递函数可表示为

$$G(s) = \frac{C(s)}{R(s)} = \frac{\omega_n^2}{(s + \zeta\omega_n + j\omega_d)(s + \zeta\omega_n - j\omega_d)}$$

式中，$\omega_d = \omega_n \sqrt{1 - \zeta^2}$ 称为阻尼振荡频率。

当 $r(t) = 1(t)$ 时，则

$$C(s) = G(s)R(s) = \frac{\omega_n^2}{(s + \zeta\omega_n + j\omega_d)(s + \zeta\omega_n - j\omega_d)} \cdot \frac{1}{s}$$

$$= \frac{1}{s} - \frac{s + \zeta\omega_n}{(s + \zeta\omega_n)^2 + \omega_d^2} - \frac{\zeta\omega_n}{(s + \zeta\omega_n)^2 + \omega_d^2}$$

对其进行拉式反变换，得

$$c(t) = 1 - e^{-\zeta\omega_n t}\cos\omega_d t - \frac{\zeta}{\sqrt{1 - \zeta^2}} e^{-\zeta\omega_n t}\sin\omega_d t, \quad t \geqslant 0$$

2）临界阻尼

当 $\zeta = 1$ 时，称为临界阻尼。此时，其传递函数可表示为

$$G(s) = \frac{C(s)}{R(s)} = \frac{\omega_n^2}{(s + \omega_n)^2}$$

当 $r(t) = 1(t)$ 时，则

$$C(s) = G(s) \cdot R(s) = \frac{\omega_n^2}{(s + \omega_n)^2} \cdot \frac{1}{s} = \frac{1}{s} - \frac{\omega_n}{(s + \omega_n)^2} - \frac{1}{s + \omega_n}$$

对其进行拉式反变换，得

$$c(t) = 1 - \omega_n t e^{-\omega_n t} - e^{-\omega_n t}, \ t \geqslant 0$$

3）过阻尼

当 $\zeta > 1$ 时，称为过阻尼。此时，其传递函数可表示为

$$G(s) = \frac{C(s)}{R(s)} = \frac{\omega_n^2}{(s + \zeta\omega_n - \omega_n \sqrt{\zeta^2 - 1})(s + \zeta\omega_n + \omega_n \sqrt{\zeta^2 - 1})}$$

当 $r(t) = 1(t)$ 时，则

$$C(s) = G(s)R(s) = \frac{\omega_n^2}{(s + \zeta\omega_n - \omega_n \sqrt{\zeta^2 - 1})(s + \zeta\omega_n + \omega_n \sqrt{\zeta^2 - 1})} \frac{1}{s}$$

$$= \frac{1}{s} - \frac{\dfrac{1}{2(-\zeta^2 + \zeta \sqrt{\zeta^2 - 1} + 1)}}{s + \zeta\omega_n - \omega_n \sqrt{\zeta^2 - 1}} - \frac{\dfrac{1}{2(-\zeta^2 - \zeta \sqrt{\zeta^2 - 1} + 1)}}{s + \zeta\omega_n + \omega_n \sqrt{\zeta^2 - 1}}$$

对其进行拉式反变换，得

$$c(t) = 1 - \frac{1}{2(-\zeta^2 + \zeta \sqrt{\zeta^2 - 1} + 1)} e^{-(\zeta - \sqrt{\zeta^2 - 1})\omega_n t}$$

$$= 1 - \frac{1}{2(-\zeta^2 - \zeta \sqrt{\zeta^2 - 1} + 1)} e^{-(\zeta + \sqrt{\zeta^2 - 1})\omega_n t}, \ t \geqslant 0$$

4）零阻尼

当 $\zeta = 0$ 时，称为零阻尼。此时，其传递函数可表示为

$$G(s) = \frac{C(s)}{R(s)} = \frac{\omega_n^2}{s^2 + \omega_n^2}$$

当 $r(t) = 1(t)$ 时，则

$$C(s) = G(s) \cdot R(s) = \frac{\omega_n^2}{s^2 + \omega_n^2} \cdot \frac{1}{s} = \frac{1}{s} - \frac{s}{s^2 + \omega_n^2}$$

对其进行拉式反变换，得

$$c(t) = 1 - \cos\omega_n t, \ t \geqslant 0$$

3. 二阶系统的性能指标

下面对欠阻尼二阶系统的性能指标进行讨论和计算。

1）上升时间 t_r

$$t_r = \frac{\pi - \beta}{\omega_d} = \frac{\pi - \beta}{\omega_n \sqrt{1 - \zeta^2}}$$

其中

$$\beta = \arctan\left(\frac{\sqrt{1 - \zeta^2}}{\zeta}\right)$$

2）峰值时间 t_p

$$t_p = \frac{\pi}{\omega_d} = \frac{\pi}{\omega_n \sqrt{1-\zeta^2}}$$

3）超调量 $\sigma\%$

超调量 $\sigma\%$ 是指系统的单位阶跃响应曲线超出稳态值的最大偏离量占稳态值的百分比，即

$$\sigma\% = \mathrm{e}^{-\zeta\pi/\sqrt{1-\zeta^2}} \times 100\%$$

4）调节时间 t_s

$$t_s = \frac{3}{\zeta\omega_n}(\zeta < 0.68), \quad \pm 5\% \text{ 误差带}$$

$$t_s = \frac{4}{\zeta\omega_n}(\zeta < 0.76), \quad \pm 2\% \text{ 误差带}$$

例 3 - 1　如图 3 - 7 所示的某二阶系统，其中 $\zeta = 0.5$，$\omega_n = 4$ rad/s。当输入信号为阶跃函数时，试求系统的动态响应指标。

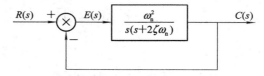

图 3 - 7　某二阶系统方框图

解　根据方框图可列写出系统的闭环传递函数为

$$G(s) = \frac{C(s)}{R(s)} = \frac{\omega_n^2}{s^2 + 2\zeta\omega_n s + \omega_n^2}$$

$$\varphi = \arccos\zeta = \frac{\zeta}{3} \text{ rad}$$

$$\omega_d = \omega_n \sqrt{1-\zeta^2} = 4\sqrt{1-0.5^2} = 3.46 \text{ rad/s}$$

$$t_p = \frac{\pi}{\omega_d} = \frac{\pi}{3.46} = 0.91 \text{ s}$$

$$\sigma\% = \mathrm{e}^{-\zeta\pi/\sqrt{1-\zeta^2}} \times 100\% = 16.3\%$$

$$t_s = \frac{3}{\zeta\omega_n} = \frac{3}{0.5 \times 4} = 1.5 \text{ s}, \quad \pm 5\% \text{ 误差带}$$

$$t_s = \frac{4}{\zeta\omega_n} = \frac{4}{0.5 \times 4} = 2 \text{ s}, \quad \pm 2\% \text{ 误差带}$$

3.2 稳　定　性

3.2.1 系统稳定性概念

在研究任何闭环控制系统时，首先要建立合理的数学模型，之后，就可以进行自动控

制系统的分析和设计。对控制系统进行分析，就是分析控制系统能否满足对它所提出的性能指标要求，分析某些参数变化对系统性能的影响。工程上对系统性能进行分析的主要内容是稳定性分析、稳态性能分析和动态性能分析。在分析和设计闭环控制系统时，稳定性分析是控制系统的重要性能。从实用的角度来看，不稳定的系统没有什么应用价值。控制系统稳定是进行实际应用的先决条件，因此在控制系统设计时必须保证系统的稳定。

系统的稳定性是指自动控制系统在受到扰动作用使平衡状态破坏后，经过调节，能重新达到平衡状态的性能。如果系统在扰动作用下偏离了原来的平衡状态，而且这种偏离不断扩大，即使扰动消失，系统也不能回到平衡状态，该系统就是不稳定的，如图 3-8(a)所示；若通过系统自身的调节作用，使偏差最后逐渐减小，系统又恢复到平衡状态，该系统就是稳定的，如图 3-8(b)所示。

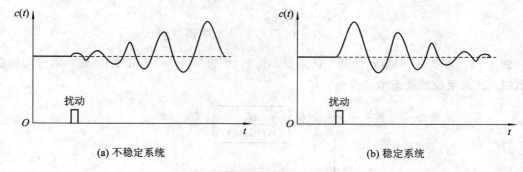

(a) 不稳定系统　　　　　　　　　(b) 稳定系统

图 3-8　不稳定系统和稳定系统

在自动控制系统中，造成系统不稳定的物理原因主要是：系统中存在惯性或延迟环节（例如机械惯性、电动机电路的电磁惯性、晶闸管的延迟、齿轮的间隙等），它们使系统的信号产生时间上的滞后，使输出信号在时间上较输入信号滞后了 τ 时间。

系统的稳定性概念可分为绝对稳定性和相对稳定性两种。系统的绝对稳定性是指系统稳定（或不稳定）的条件，即形成如图 3-8(b)所示状况的充要条件。系统的相对稳定性是指稳定系统的稳定程度。图 3-9(a)所示系统的相对稳定性就明显好于如图 3-9(b)所示的系统。

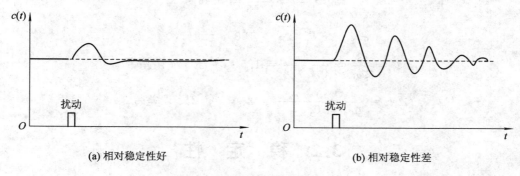

(a) 相对稳定性好　　　　　　　　(b) 相对稳定性差

图 3-9　自动控制系统的相对稳定性

线性系统稳定的充分必要条件：如图 3-8 所示，稳定的系统，其过渡过程是收敛的，即其输出量的动态分量必须趋近于零。用数学的方法来研究控制系统的稳定性，可以得知系统稳定的充要条件是：其闭环系统特征方程的所有根必须具有负实部。也就是说，系统稳定的条件是闭环特征方程的所有根必须分布在 s 平面的左半平面上。s 平面的虚轴是稳定的边界。系统稳定与否取决于特征方程的根，即取决于系统本身的结构和参数，而与输入信号的形式无关。

3.2.2　劳斯判据

求得特征方程的根，再根据稳定的充分必要条件，就可判定系统的稳定性。但实际上求解系统特征方程的工作是很费时的，特别是对高阶系统来说。因此，在工程上常采用间接的方法，即不直接求解特征方程的根，而用一些判定系统稳定与否的判据，来判定系统是否稳定。若仅仅为了判断系统的稳定性，可根据特征方程的各项系数来确定方程的根是否具有正实部，这就是劳斯判据的基本思想。该章节中将采用劳斯判据来判定系统的稳定性。

设系统的特征方程为

$$a_0 s^n + a_1 s^{n-1} + \cdots + a_{n-1} s + a_n = 0$$

根据特征方程的各项系数排列成劳斯表

$$
\begin{array}{cccccc}
s^n & a_0 & a_2 & a_4 & a_6 & \cdots \\
s^{n-1} & a_1 & a_3 & a_5 & a_7 & \cdots \\
s^{n-2} & b_1 & b_2 & b_3 & b_4 & \cdots \\
s^{n-3} & c_1 & c_2 & c_3 & \cdots \\
\vdots & & & & \\
s^2 & d_1 & d_2 & d_3 \\
s^1 & e_1 & e_2 \\
s^0 & f_1 \\
\end{array}
$$

其中，表中前面两行由间隔取特征方程中系数形成；从第三行开始，各元素的计算按下述规律推算：

$$b_1 = \frac{a_1 a_2 - a_0 a_3}{a_1}, \quad b_1 = \frac{a_1 a_4 - a_0 a_5}{a_1}, \quad b_1 = \frac{a_1 a_6 - a_0 a_7}{a_1} \cdots$$

$$c_1 = \frac{b_1 a_3 - a_1 b_2}{b_1}, \quad c_2 = \frac{b_1 a_5 - a_1 b_3}{b_1}, \quad c_3 = \frac{b_1 a_7 - a_1 b_4}{b_1} \cdots$$

$$\vdots$$

$$f_1 = \frac{e_1 d_2 - d_1 e_2}{e_1}$$

以此类推，可求出 $n+1$ 行的各系数。

1. 劳斯判据的一般情况

若特征方程式的各项系数都大于零（必要条件），且劳斯表中第一列元素均为正值，则所有的特征根位于 s 左半平面，相应的系统是稳定的。否则，系统不稳定，且第一列元素符号改变的次数等于该特征方程的正实部根的个数。

例 3-2　已知系统特征方程式为

$$s^4 + 6s^3 + 100s^2 + 20s + 10 = 0$$

试用劳斯判据判别系统的稳定性。

解 从系统特征方程看出，其所有系数均为正实数，满足系统稳定的必要条件。

列写劳斯判据列表如下：

$$
\begin{array}{llll}
s^4 & 1 & 100 & 10 \\
s^3 & 6 & 20 \\
s & 96.7 & 10 \\
s^1 & 19.4 \\
s^0 & 10
\end{array}
$$

第一列系数均为正数，故系统稳定。

例 3-3 已知系统特征方程式为

$$s^5 + 3s^4 + 2s^3 + s^2 + 5s + 6 = 0$$

试用劳斯判据判别系统的稳定性。

解 从系统特征方程看出，其所有系数均为正实数，满足系统稳定的必要条件。

列写劳斯判据列表如下

$$
\begin{array}{lll}
s^5 & 1 & 2 & 5 \\
s^4 & 3 & 1 & 6 \\
s^3 & 5 & 9 & \quad (各系数均乘 3) \\
s^2 & -11 & 15 & \quad (各系数均乘 \frac{5}{2}) \\
s^1 & 174 & & \quad (各系数均乘 11) \\
s^0 & 15
\end{array}
$$

第一列系数有负数，所以系统不稳定。由于第一列系数的符号改变了两次（5→−11→174），所以，系统特征方程有两个正实部根。

例 3-4 某单位负反馈系统的开环传递函数为

$$G(s) = \frac{K}{s(0.1s+1)(0.5s+1)}$$

试确定系统稳定时 K 值的范围。

解 该单位负反馈系统闭环特征方程为：

$$s(0.1s+1)(0.5s+1) + K = 0$$

整理得

$$0.05s^3 + 0.6s^2 + s + K = 0$$

系统稳定的必要条件 $a_i > 0$，则要求 $K > 0$。

列写劳斯判据列表如下：

$$
\begin{array}{lll}
s^3 & 0.05 & 1 \\
s^2 & 0.6 & K \\
s^1 & \dfrac{0.6 - 0.05K}{0.6} \\
s^0 & K
\end{array}
$$

令

$$\frac{0.6 - 0.05K}{0.6} > 0$$

可得

$$K < 12$$

综上所述，当系统增益 $0 < K < 12$ 时，系统才稳定。

2. 劳斯判据的两种特殊情况

（1）劳斯表中某行的第一列项为零，而其余各项不为零或不全为零。这时可以用一个很小的正数来代替这个零，从而可使劳斯阵列表得以继续算下去。如果上下两行系数的符号相同，则说明系统特征方程有一对虚根，系统处于临界稳定状态；如果上下两行系数的符号不同，则说明出现一次符号变化，系统不稳定。

例 3－5   设系统特征方程为

$$s^4 + 4s^3 + s^2 + 4s + 1 = 0$$

试用劳斯判据判别系统的稳定性。

解   从系统特征方程看出，其所有系数均为正实数，满足系统稳定的必要条件。

列写劳斯判据列表如下：

$$
\begin{array}{c|ccc}
s^4 & 1 & 1 & 1 \\
s^3 & 4 & 4 & \\
s^2 & \varepsilon & 1 & \\
s^1 & \dfrac{4\varepsilon - 4}{\varepsilon} & & \\
s^0 & 1 & &
\end{array}
$$

令 $\varepsilon \to 0$，s^1 行第一列系数符号为负，则第一列系数符号改变次数为 2，因此特征方程有两个具有正实部的根，系统不稳定。

（2）劳斯表中出现第 k 全零行。该种情况说明在根平面内存在关于原点对称的实根、共轭虚根或（和）共轭复数根。此时，系统要么不稳定，要么处于临界稳定状态。

在该种情况下可做如下处理：

① 利用第 $k-1$ 行的系数构成辅助多项式，它的次数总是偶数；

② 求辅助多项式对 s 的导数，将其系数构成新行，以代替全部为零的一行；

③ 计算劳斯阵列表；

④ 对原点对称的根可由辅助多项式等于零（即辅助方程式）求得。

例 3－6   设系统特征方程为

$$s^5 + 3s^4 + 12s^3 + 24s^2 + 32s + 48 = 0$$

试用劳斯判据判别系统的稳定性。

解   从系统特征方程看出，其所有系数均为正实数，满足系统稳定的必要条件。

列写劳斯判据列表如下：

$$
\begin{array}{cccc}
s^5 & 1 & 12 & 32 \\
s^4 & 3 & 24 & 48 \\
s^3 & 4 & 16 & \\
s^2 & 12 & 48 & \\
s^1 & 0 & 0 &
\end{array}
$$

计算至此，劳斯表无法往下排列。此时可用全零行上一行的系数构造一个辅助方程 $F(s)=0$，即

$$F(s)=12s^2+48=0$$

并将辅助方程对 s 求导，得

$$24s=0$$

用系数 24 取代全零行，并将劳斯表重新整理，可得

$$
\begin{array}{cccc}
s^5 & 1 & 12 & 32 \\
s^4 & 3 & 24 & 48 \\
s^3 & 4 & 16 & \\
s^2 & 12 & 48 & \\
s^1 & 24 & & \\
s^0 & 48 & &
\end{array}
$$

由此可知，该系统特征方程在 s 右半平面上没有特征根，但 s^1 行为全零行，表明特征方程中存在大小相等、符号相反的特征根。由辅助方程 $F(s)=0$ 可得根为 $\pm j2$，显然系统处于临界稳定状态。

3.3 稳态误差分析

3.3.1 稳态误差的概念

一个好的控制系统要求稳定、快速、准确，而稳态误差就是控制系统精度的度量。设控制系统的典型结构如图 3−10 所示。

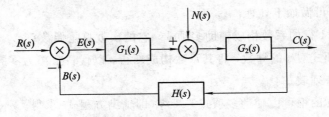

图 3−10 控制系统的典型结构

系统误差的一般定义为期望值与实际值的差值。一般情况下，系统的给定值即输入量与输出量为不同的物理量，因此系统的误差不直接用它们的差值来表示，而是用给定值与反馈量的差值来定义，即

$$e(t) = r(t) - b(t)$$

给定值代表了期望值，反馈量表示实际值。对于单位反馈系统来说，反馈量 $b(t)$ 就等于输出量 $c(t)$。稳态误差是指系统进入稳态后的误差值，即

$$e_{ss} = \lim_{t \to \infty} e(t) = \lim_{s \to 0} sE(s)$$

式中表明，求 $t \to \infty$ 时，$e(t)$ 的极限可以用求解 $s \to 0$，$sE(s)$ 的极限替代。

稳态误差可以分为由给定信号引起的误差和由扰动信号引起的误差两种。

3.3.2　稳态误差的计算

1. 给定信号作用下的稳态误差计算

当仅仅考虑给定信号作用下引起的系统误差时，可暂时不考虑扰动量 $N(s)$，设定 $N(s) = 0$。根据图 3-10，可得到误差函数为

$$E_R(s) = \frac{R(s)}{1 + G_1(s)G_2(s)H(s)} = \frac{R(s)}{1 + G(s)H(s)}$$

根据终值定理可得

$$e_{ssr} = \lim_{s \to 0} sE_R(s) = \lim_{s \to 0} s\frac{R(s)}{1 + G(s)H(s)}$$

令控制系统的开环传递函数为

$$G(s)H(s) = \frac{K(\tau_1 s + 1)(\tau_2 s + 1)\cdots(\tau_m s + 1)}{s^v(T_1 s + 1)(T_2 s + 1)\cdots(T_n s + 1)}$$

式中，K 为系统的开环增益，即开环传递函数中各因式的常数项为 1 时的总比例系统；v 为积分环节的个数，表征系统的类型数，当 $v = 0, 1, 2, \cdots$ 时，则分别称为 0 型、Ⅰ 型、Ⅱ 型、……系统。

下面基于系统的类型，分析各种典型输入信号作用下的系统稳态误差。

（1）阶跃输入作用下的稳态误差及位置误差系数的计算。

设阶跃输入信号 $r(t) = A \cdot 1(t)$，相应的拉普拉斯变换式为 $R(s) = \dfrac{A}{s}$，则有

$$e_{ssr} = \lim_{s \to 0} \frac{s}{1 + G(s)H(s)}\frac{A}{s} = \frac{A}{1 + \lim_{s \to 0} G(s)H(s)}$$

定义静态位置误差系数为

$$K_p = \lim_{s \to 0} G(s)H(s)$$

则

$$e_{ssr} = \frac{A}{1 + K_p}$$

对于 0 型系统，有

$$K_p = \lim_{s \to 0} \frac{K(\tau_1 s + 1)(\tau_2 s + 1)\cdots(\tau_m s + 1)}{(T_1 s + 1)(T_2 s + 1)\cdots(T_n s + 1)} = K$$

$$e_{ssr} = \frac{A}{1 + K}$$

对于 Ⅰ 型及 Ⅰ 型以上系统，有

$$K_\mathrm{p} = \lim_{s \to 0} \frac{K(\tau_1 s + 1)(\tau_2 s + 1) \cdots (\tau_m s + 1)}{s^v (T_1 s + 1)(T_2 s + 1) \cdots (T_n s + 1)} = \infty$$

$$e_\mathrm{ssr} = 0$$

可以看出，在信号为阶跃输入信号时，仅 0 型系统有稳态误差。系统开环放大系数 K 越大，e_ssr 越小。对于 I 型及 I 型以上系统，其稳态误差为零。

（2）斜坡输入作用下的稳态误差及速度误差系数的计算。

设斜坡输入信号 $r(t) = At \cdot 1(t)$，相应的拉普拉斯变换式为 $R(s) = \dfrac{A}{s^2}$，则有

$$e_\mathrm{ssr} = \lim_{s \to 0} \frac{s}{1 + G(s)H(s)} \frac{A}{s^2} = \frac{A}{\lim\limits_{s \to 0} sG(s)H(s)}$$

定义静态速度误差系数为

$$K_\mathrm{v} = \lim_{s \to 0} sG(s)H(s)$$

则

$$e_\mathrm{ssr} = \frac{A}{K_\mathrm{v}}$$

对于 0 型系统，有

$$K_\mathrm{v} = \lim_{s \to 0} s \frac{K(\tau_1 s + 1)(\tau_2 s + 1) \cdots (\tau_m s + 1)}{(T_1 s + 1)(T_2 s + 1) \cdots (T_n s + 1)} = 0$$

$$e_\mathrm{ssr} = \infty$$

对于 I 型系统，有

$$K_\mathrm{v} = \lim_{s \to 0} s \frac{K(\tau_1 s + 1)(\tau_2 s + 1) \cdots (\tau_m s + 1)}{(T_1 s + 1)(T_2 s + 1) \cdots (T_n s + 1)} = K$$

$$e_\mathrm{ssr} = \frac{1}{K}$$

对于 II 型及 II 型以上系统，有

$$K_\mathrm{v} = \lim_{s \to 0} s \frac{K(\tau_1 s + 1)(\tau_2 s + 1) \cdots (\tau_m s + 1)}{(T_1 s + 1)(T_2 s + 1) \cdots (T_n s + 1)} = \infty$$

$$e_\mathrm{ssr} = 0$$

可以看出，在信号为斜坡输入信号时，0 型系统的稳态误差为 ∞；对于 I 型系统，输出能跟踪等速度的输入信号，但总有一定的误差；II 型及 II 型以上系统的稳态误差为零。

（3）抛物线输入作用下的稳态误差及加速度误差系数的计算。

设抛物线输入信号 $r(t) = \dfrac{1}{2} At^2 \cdot 1(t)$，相应的拉普拉斯变换式为 $R(s) = \dfrac{A}{s^3}$，则有

$$e_\mathrm{ssr} = \lim_{s \to 0} \frac{s}{1 + G(s)H(s)} \frac{A}{s^3} = \frac{A}{\lim\limits_{s \to 0} s^2 G(s)H(s)}$$

定义静态加速度误差系数为

$$K_\mathrm{a} = \lim_{s \to 0} s^2 G(s)H(s)$$

则

$$e_\mathrm{ssr} = \frac{A}{K_\mathrm{a}}$$

对于 0 型系统，有

$$K_a = \lim_{s \to 0} s^2 \frac{K(\tau_1 s + 1)(\tau_2 s + 1)\cdots(\tau_m s + 1)}{(T_1 s + 1)(T_2 s + 1)\cdots(T_n s + 1)} = 0$$

$$e_{ssr} = \infty$$

对于 I 型系统，有

$$K_a = \lim_{s \to 0} s^2 \frac{K(\tau_1 s + 1)(\tau_2 s + 1)\cdots(\tau_m s + 1)}{(T_1 s + 1)(T_2 s + 1)\cdots(T_n s + 1)} = 0$$

$$e_{ssr} = \infty$$

对于 II 型系统，有

$$K_a = \lim_{s \to 0} s^2 \frac{K(\tau_1 s + 1)(\tau_2 s + 1)\cdots(\tau_m s + 1)}{(T_1 s + 1)(T_2 s + 1)\cdots(T_n s + 1)} = K$$

$$e_{ssr} = \frac{A}{K}$$

对于 II 型以上系统，有

$$K_a = \lim_{s \to 0} s^2 \frac{K(\tau_1 s + 1)(\tau_2 s + 1)\cdots(\tau_m s + 1)}{(T_1 s + 1)(T_2 s + 1)\cdots(T_n s + 1)} = \infty$$

$$e_{ssr} = 0$$

可以看出，在信号为抛物线输入信号时，0 型和 I 型系统的稳态误差为∞；II 型系统能工作，但需要有足够大的 K_a 或 K；II 型以上系统的稳态误差为零。

综上所述，将不同系统在各种不同控制输入信号作用下的稳态误差总结如表 3-1 所示。

表 3-1　系统的稳态误差

系统	阶跃输入	斜坡输入	抛物线输入
0 型	$\frac{A}{1+K}$	∞	∞
I 型	0	$\frac{A}{K}$	∞
II 型	0	0	$\frac{A}{K}$

例 3-7　已知系统的结构如图 3-11 所示，$G(s) = \dfrac{200}{s(s+10)}$，$H(s) = 1$。求 $R(s) = \dfrac{1}{s} + \dfrac{1}{s^2}$ 时系统的稳态误差。

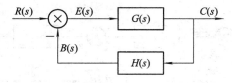

图 3-11　例 3-7 图

解　**方法一**　系统的开环传递函数为

$$G(s)H(s) = \frac{200}{s(s+10)} = \frac{20}{s(0.1s+1)}$$

当 $R_1(s) = \dfrac{1}{s}$ 时，有

$$K_p = \lim_{s \to 0} G(s)H(s) = \lim_{s \to 0} \frac{20}{s(0.1s+1)} = \infty$$

则

$$e_{ss1} = \frac{1}{1+K_p} = 0$$

当 $R_2(s) = \frac{1}{s^2}$ 时，有

$$K_v = \lim_{s \to 0} sG(s)H(s) = \lim_{s \to 0} s \frac{20}{s(0.1s+1)} = 20$$

则

$$e_{ss2} = \frac{1}{20}$$

因此，系统总的稳态误差为

$$e_{ss} = e_{ss1} + e_{ss2} = 0 + \frac{1}{20} = \frac{1}{20}$$

方法二　直接根据系统的型号和 K 值以及输入信号的阶次求取误差。本题中为Ⅰ型系统，在一阶输入 $R_1(s) = \frac{1}{s}$ 作用下的误差 $e_{ss1} = 0$，在二阶输入 $R_2(s) = \frac{1}{s^2}$ 作用下的误差为 $e_{ss2} = \frac{1}{K} = \frac{1}{20}$，因此系统总的误差为 $e_{ss} = e_{ss1} + e_{ss2} = 0 + \frac{1}{20} = \frac{1}{20}$。

2. 扰动信号作用下的稳态误差计算

当仅仅考虑扰动信号作用下引起的系统误差时，设定 $R(s) = 0$，根据图 3-10，可得到误差函数为

$$E_N(s) = \frac{-G_2(s)H(s)}{1+G_1(s)G_2(s)H(s)} N(s)$$

根据终值定理可得

$$e_{ssn} = \lim_{s \to 0} sE_N(s) = \lim_{s \to 0} s \frac{-G_2(s)H(s)}{1+G_1(s)G_2(s)H(s)} N(s)$$

例 3-8　已知系统的结构如图 3-12 所示，$G_1(s) = \frac{20}{s+10}$，$G_2(s) = \frac{5}{2s+1}$，$H(s) = \frac{2}{s}$。

求 $R(s) = \frac{2}{s^2}$，$N(s) = \frac{1}{s}$ 时系统的稳态误差。

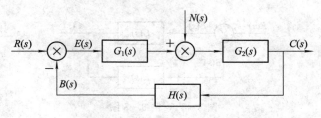

图 3-12　例 3-8 图

解　系统的开环传递函数为

$$G_1(s)G_2(s)H(s) = \frac{20}{s(0.1s+1)(2s+1)}$$

可见为Ⅰ型系统。

当 $R(s) = \dfrac{2}{s^2}$ 时，有

$$e_{ssr} = \frac{2}{K} = \frac{2}{20} = 0.1$$

当 $N(s) = \dfrac{1}{s}$ 时，有

$$e_{ssn} = \lim_{s \to 0} s \frac{-G_2(s)H(s)}{1 + G_1(s)G_2(s)H(s)} N(s) = \lim_{s \to 0} s \frac{-\dfrac{5}{s(2s+1)} \times \dfrac{1}{s}}{1 + \dfrac{20}{s(0.1s+1)(2s+1)}} = -0.25$$

因此，系统总的稳态误差为

$$e_{ss} = e_{ssr} + e_{ssn} = 0.1 - 0.25 = -0.15$$

3.4　应用 MATLAB 进行控制系统时域分析

计算机仿真是进行系统分析常用的方法，特别当分析高阶系统及绘制时域响应曲线时会更加有效。MATLAB 中的控制系统工具箱提供了脉冲、阶跃、任意函数等多时域响应求解函数。

如线性定常系统 $G(s)$ 的传递函数为多项式之比形式，num、den 为降幂排列的分子、分母系数向量，t 为仿真时间，y 为在时间 t 内的输出响应，x 是时间 t 内的状态响应，sys 是由函数 tf 得到的代表 $G(s)$ 的传递函数变量，则时域响应函数的调用格式为：

脉冲响应：

$\quad$ [y, x, t]＝impulse(num, den, t)

或

$\quad$ [y, t]＝impulse(sys, t)

阶跃响应：

$\quad$ [y, x, t]＝step(num, den, t)

或

$\quad$ [y, t]＝step(sys, t)

任意函数脉冲响应：

$\quad$ [y]＝lsim(num, den, u, t)

或

$\quad$ [y]＝lsim(sys, u, t)

任意函数由 u 定义，它是与 t 相对应的输入向量。调用时如果没有设定返回变量，则 MATLAB 会直接绘出输出的响应曲线。如果调用 step 和 impulse 默认输入参数 t，则 MATLAB 会自动确定仿真时间和采样周期。

阶跃响应的稳定值为

$\quad$ finalvalue＝dcgain(num, den)

或

finalvalue＝dcgain(sys)

例 3－9 已知单位负反馈系统的开环传递函数为 $G(s)=\dfrac{5}{s^2+4s+2}$，用 MATLAB 求其单位脉冲响应和单位阶跃响应，绘制出响应曲线，并求单位阶跃响应的性能指标。

解 参考程序如下：

```
>> num＝[5];den＝[1 4 2]
>> [num1,den1]＝feedback(num,den,1,1,−1)
>> sys＝tf(num1,den1)
>> T＝0.01
>> t＝0:T:10
>> deltu＝4/(10/(4*T))
>> [y1,t]＝impulse(sys,t)
>> [y2,t]＝step(sys,t)
>> fv＝dcgain(sys)
>> tr＝1;while y2(tr)<fv+0.01;tr＝tr+1;end
>> rise_time＝(tr−1)*T

>> [ymax,tp]＝max(y2)
>> peak_time＝(tp−1)*T
>> max_overshoot＝(ymax−fv)/fv
>> ts＝length(t)
>> while y2(ts)>0.98*fv&y2(ts)<1.02*fv;ts＝ts−1;end
>> settling_time＝(ts−1)*T
>> subplot(1,2,1);plot(t,y1);grid
>> subplot(1,2,2);plot(t,y2);grid
```

曲线绘制结果如图 3－13 所示，其中(a)为单位脉冲响应曲线，(b)为单位阶跃响应曲线。

－13　例 3－9 的输出响应曲线

单 元 小 结

（1）时域分析法中的典型输入信号有单位阶跃信号、单位斜坡信号、单位抛物线信号和正弦信号等。

（2）动态过程又可称为过渡过程或瞬态过程，是指系统从初始状态到接近最终状态的响应过程。稳态过程是指时间 t 趋于无穷时系统的输出状态。稳态过程又称稳态响应，表征系统输出量最终复现输入量的程度，提供系统有关稳态误差的信号。稳态过程用稳态性能描述。

（3）时域瞬态响应的性能指标一般有：

① 上升时间是指系统的单位阶跃响应曲线从 0 开始到第一次到稳态值所需要的时间，t_r 越小，表明系统动态响应越快。

② 峰值时间是指系统的单位阶跃响应曲线由 0 开始越过稳态值第一次到达峰值所需要的时间。

③ 超调量是指系统的单位阶跃响应曲线超出稳态值的最大偏离量占稳态值的百分比，即

$$\sigma\% = \frac{c(t_p) - c(\infty)}{c(\infty)} \times 100\%$$

若 $c(t_p) < c(\infty)$，则响应无超调。$\sigma\%$ 反映的是系统响应过程中平稳性的状况。

④ 调节时间是指系统的单位阶跃响应曲线达到并保持在稳态值的 $\pm 5\%$（或 $\pm 2\%$）误差范围内，即输出响应进入并保持在 $\pm 5\%$（或 $\pm 2\%$）误差带之内所需要的时间。t_s 越小，表示系统动态响应过程越短，系统快速性越好。

（4）系统能正常工作的首要条件是系统稳定。可采用劳斯判据来判断系统的稳定性。

（5）稳态误差是衡量系统控制精度的性能指标。稳态误差可分为由给定信号引起的误差以及扰动信号引起的误差两种。系统的稳态误差主要是由积分环节的个数和开环增益来确定的。

习　题

1. 闭环系统的特征方程如下，试用劳斯判据判断系统的稳定性。

（1）$s^3 + 20s^2 + 9s + 100 = 0$。

（2）$s^3 + 20s^2 + 9s + 200 = 0$。

（3）$s^4 + 8s^3 + 18s^2 + 16s + 5 = 0$。

2. 设单位负反馈系统，开环传递函数为 $G(s) = \dfrac{K}{s(0.05s^2 + 0.4s + 1)}$，试确定系统稳定时 K 的取值范围。

3. 设线性系统特征方程式为 $D(s) = s^4 + 2s^3 + 3s^2 + 4s + 5 = 0$，试判断系统的稳定性。

4. 已知一单位负反馈开环传递函数为 $G(s) = \dfrac{5}{s(s+1)(2s+1)(0.5s+1)}$，试判断闭环系统是否稳定。

5. 已知单位负反馈开环传递函数为 $G(s) = \dfrac{10}{s(s+1)(0.25s+1)(3s+1)}$，试判断闭环系统是否稳定。

6. 如图 3-14 所示的动态结构图，求：(1)暂态参数 ω_n、ξ、T_p、T_s。(2)系统属于什么状态(根据 ξ 来判断)。

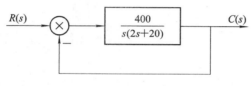

图 3-14　习题 7

7. 知一开环传递函数为 $G(s)H(s) = \dfrac{200}{s(s+20)}$。试求：超调量 $\sigma\%$ 和调节时间 $T_s(\Delta =$

0.05)。

单元四 根轨迹分析法和频域分析法

通过前面的学习，我们知道系统的稳定性及动态性能是评价一个系统好坏的重要基准，也是我们设计自动控制系统的重要指标。本单元将介绍两种应用较为广泛的分析系统性能的方法：根轨迹法与频率分析法。

 学习目标

（1）了解根轨迹的概念，会用根轨迹法分析系统性能。
（2）了解频率特性的概念，会用频率曲线分析系统性能。
（3）会用 MATLAB 绘制根轨迹及频率曲线。

4.1 根轨迹分析法

4.1.1 根轨迹的概念

自动控制系统的稳定性由它的闭环极点唯一确定。当闭环传递函数的极点均处于复数平面的左半平面时，系统绝对稳定。反馈控制系统的相对稳定性也与系统闭环传递函数极点在复数平面上的位置有关。

以二阶系统为例，其极点就是系统的特征方程 $s^2 + 2\xi\omega_n s + \omega_n^2 = 0$ 的根。如图 4-1 所示，参数不同，方程的根也不同，不同的根对应的单位阶跃响应曲线也表现出不一样的稳态与动态性能。因此，我们就可以根据特征根的位置分析系统的性能，也可以依据系统对性能的要求来确定根的位置，进而确定系统的参数。

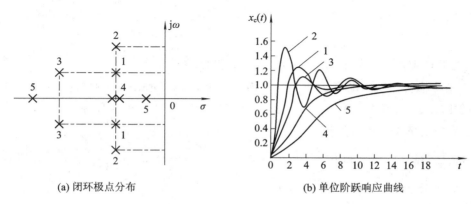

(a) 闭环极点分布　　　　(b) 单位阶跃响应曲线

图 4-1　不同极点对系统新能的影响

1948 年，伊万斯(W. R. EVANS)提出了直接由开环函数判别闭环特征根的图解法，解决了复杂系统的性能分析的难题，这就是著名的根轨迹法。所谓根轨迹，就是开环系统某一参数从零变到无穷时，闭环系统特征方程式的根在 s 平面上变化的轨迹。由于根轨迹图直观、完整，且可以推算出系统参数的变化对系统闭环极点的影响趋势，所以对研究及改善系统性能都具有重要意义。其分析问题的思路如图 4-2 所示。

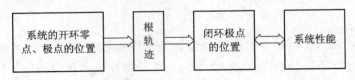

图 4-2　根轨迹法的基本思路

4.1.2　根轨迹绘制

1. 开/闭环传递函数零极点表达式

图 4-3 所示为一个常见的负反馈控制系统，其开环函数为 $G_k(s)=G(s)H(s)$。开环传递函数中分子多项式方程的根称为开环零点，分母多项式方程的根称为开环极点。

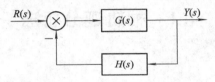

图 4-3　反馈系统框图

闭环传递函数为 $\varPhi(s)=\dfrac{G(s)}{1+G(s)H(s)}$，此传递函数中分子多项式方程的根称为闭环零点，分母多项式方程的根称为闭环极点。对于单位反馈系统，闭环零点就是开环零点。

为了直观获取自控系统传递函数的零点和极点，我们习惯性地将 n 阶负反馈控制系统的开环传递函数表达为以下零、极点形式

$$G_k(s)=\frac{b_0(s+z_1)(s+z_2)\cdots(s+z_m)}{a_0(s+p_1)(s+p_2)\cdots(s+p_n)}=K_g\frac{\prod\limits_{i=1}^{m}(s+z_i)}{\prod\limits_{j=1}^{n}(s+p_j)}\left(=K_g\frac{N(s)}{D(s)}\right)$$

式中，z_i 为开环零点；p_j 为开环极点；K_g 为根轨迹增益。

闭环系统根轨迹增益也等于开环系统前向通路根轨迹增益。一般我们研究的就是 K_g 变化时的根轨迹。在根轨迹图中，"×"表示开环极点，"○"表示开环零点，实线表示根轨迹，箭头表示参数增加的方向。

例 4-1　在复平面上标出开环传递函数 $G_K(s)=\dfrac{K_g(s+1)}{s(s^2+2s+2)(s+4)}$ 的零、极点。

解　由开环函数，求得零点 $s=-1$

极点：$s=0$，$s=-4$，$s=1\pm j1$

所以，零极点分布图如图 4-4 所示。

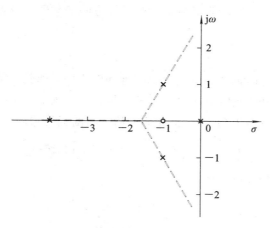

图 4 - 4　例 4 - 1

2. 绘制根轨迹

绘制根轨迹有两种常用方法，其中一种是伊文斯图解法。利用伊文斯图解法（手工画法）获得系统根轨迹是一种很实用的工程方法，只需要依据几条规则做简单的计算，不需要求解系统特征方程。其绘制方法如下：

1）连续性与对称性

系统根轨迹的各条分支是连续的，而且由于特征方程的根为实数或共轭复数（包括一对纯虚根），所以根轨迹必然对称于实轴。

2）根轨迹的分支数

n 阶系统根轨迹的分支数为 n。开环传递函数为 n 阶，故开环极点和闭环极点数目都为 n 个，当 K_g 从 $0 \to +\infty$ 变化时，n 个根在 s 平面上连续形成 n 条根轨迹。一条根轨迹对应一个闭环极点随 K_g 的连续变化轨迹。注：根轨迹的分支数＝系统的阶数。

3）根轨迹的起点和终点

系统的特征方程为

$$1 + G(s)H(s) = 0$$

即

$$1 + K_g \frac{\prod_{i=1}^{m}(s+z_i)}{\prod_{j=1}^{n}(s+p_j)} = 0$$

化简后可以得到

$$\prod_{j=1}^{n}(s+p_j) + K_g \prod_{i=1}^{m}(s+z_i) = 0$$

所以可以推导出：当 $K_g = 0$ 时，根轨迹的各分支从开环极点出发；当 $K_g \to \infty$ 时，有 m 条分支趋向开环零点，另外有 $n-m$ 条分支趋向无穷远处。

4）实轴上的根轨迹

在 s 平面实轴的线段上存在根轨迹的条件是，在这些线段右边的开环零点和开环极点的数目之和为奇数。假设一个特征根为 s_1，若它右边的实数零、极点(开环)个数的总和为奇数，则 s_1 位于根轨迹上。

5）根轨迹的渐近线

当特征根沿根轨迹无限远离原点或无限接近间断点时，即到一条直线的距离无限趋近于零，那么这条直线称为这条根轨迹的渐近线。若 $n>m$，当 K_g 从 $0 \to +\infty$ 时，有 $(n-m)$ 条根轨迹分支沿着实轴正方向夹角为 θ、截距为 σ 的一组渐近线趋向无穷远处。其中，

$$\theta = \pm \frac{180°(2q+1)}{n-m}, (q=0, 1, 2\cdots)$$

与实轴交点坐标为 $(\sigma, j0)$，且

$$\sigma = \frac{\sum_{j=1}^{n} p_j - \sum_{i=1}^{m} z_i}{n-m}$$

常见的渐近线如图 4-5 所示。

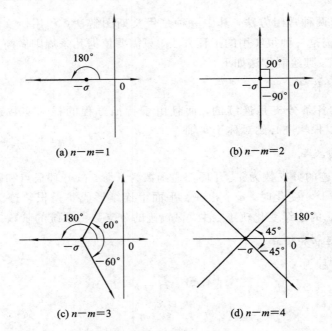

(a) $n-m=1$ (b) $n-m=2$

(c) $n-m=3$ (d) $n-m=4$

图 4-5　常见渐近线

6）根轨迹的分离点和会合点

若两条根轨迹在复平面上的某一点相遇后又分开，则称该点为根轨迹的分离点或会合点。此点对应于二重根(实根和共轭复数根)，一般多出现在实轴上。分离点的求解在本书中不做要求。

7）根轨迹的出射角和入射角

出射角是指始于开环极点的根轨迹在起点的切线与正实轴的夹角。入射角是指止于开环零点的根轨迹在终点的切线与正实轴的夹角。出射角和入射角的求解在本书中不做要求。

8）根轨迹与虚轴的交点

随着 K_g 的增大，根轨迹可能由 s 左半平面变到右半平面，系统会从稳定变为不稳定，根轨迹与虚轴产生交点，即闭环特征方程出现纯虚根，出现临界稳定。由此根求解出的增益称为临界根轨迹增益。

9）闭环极点的和

当 $n-m \geqslant 2$ 时，开环极点之和＝闭环极点之和＝常数。

例 4 - 2　已知系统的开环传递函数为 $G_k(s) = \dfrac{K_g}{s(s+1)(s+2)}$，试画出它的实轴根轨迹，做出渐近线。

解　（1）开环极点为 $p_1=0$，$p_2=-1$，$p_3=-2$，无开环零点，实轴根轨迹为 $[-1,0] \cup (-\infty,-2]$。

（2）由于 $n=3$，所以有 3 条根轨迹，起点分别在 $(0,0)$、$(-1,j0)$ 和 $(-2,j0)$。由于 $m=0$，所以三条根轨迹的终点都在无穷远处，其渐近线与实轴的交点 σ 及倾斜角分别为

$$\sigma = \frac{\sum\limits_{i=1}^{3} p_i}{n-m} = -\frac{0-1-2}{3-0} = -1$$

$$\theta = \frac{180°(2q+1)}{n-m} = \frac{180°(2q+1)}{3} = \begin{cases} 60° \\ 180° \\ 300° \end{cases}$$

综上，讨论结果如图 4 - 6 所示。

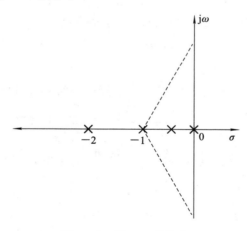

图 4 - 6　例 4 - 2 根轨迹

例 4 - 3　已知例 4 - 2 中根轨迹在实轴上的分离点为 $s=-0.423$，分离角为 $90°$，试画出根轨迹图，并求临界根轨迹增益。

解　闭环特征方程为

$$A(s) = s(s+1)(s+2) + K_g = s^3 + 3s^2 + 2s + K_g = 0$$

将 $s=j\omega$ 代入方程，舍去不可能的解，得 $\omega = \pm\sqrt{2}$，因此临界根轨迹增益为 6。根轨迹如图 4 - 7 所示。

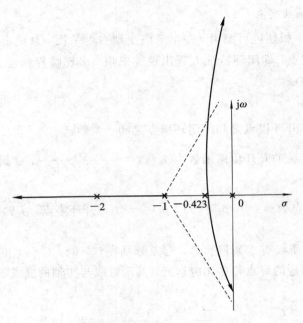

图 4-7　例 4-3 根轨迹

例 4-4　根据已知条件画出控制系统的根轨迹。已知 $G_k(s) = \dfrac{K_g}{s(s+3)(s^2+2s+2)}$，

$s_1 = -2.3$ 是分离点，分离角为 $90°$，实轴上方的极点出射角为 $-71.6°$，实轴下方的极点出射角为 $71.6°$。

解　（1）系统无开环零点，开环极点有三个，分别为

$$p_1 = 0,\ p_2 = -3,\ p_{3,4} = -1 \pm j$$

在实轴上根轨迹为 $[-3, 0]$。

（2）$n - m = 4$，有 4 条分支趋向无穷远处。渐近线的夹角与交点为

$$\theta = \frac{\mp 180°(2k+1)}{4} = \pm 45°,\ \pm 135°$$

$$-\sigma_a = \frac{0 - 3 - 1 + j - 1 - j}{4} = -1.25$$

（3）与虚轴的交点为

$$A(s) = s^4 + 5s^3 + 8s^2 + 6s + K_g = 0$$

代入 $s = j\omega$，可得

$$(j\omega)^4 + 5(j\omega)^3 + 8(j\omega)^2 + 6(j\omega) + K_g = 0$$

化简可得

$$(\omega^4 - 8\omega^2 + K_g) + j(6\omega - 5\omega^3) = 0$$

所以，实部虚部都等于 0，解得

$$\begin{cases} \omega = 0 \\ K_g = 0 \end{cases} (舍去)$$

或

$$\begin{cases} \omega_{1,2} = \pm 1.1 \\ K_g = 8.16 \end{cases} \text{（保留）}$$

即与虚轴的交点为 $s_{1,2} = \pm j1.1$。

最后，画出如图 4-8 所示的根轨迹。

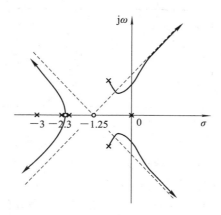

图 4-8　例 4-4 根轨迹

除了手工画出根轨迹外，我们还可以借助计算机仿真软件绘制出控制系统的根轨迹。在 MATLAB 软件中，可以用 rlocus( )命令画出根轨迹，具体方法将在 4.3 节进行说明。

4.1.3　根轨迹与系统性能

由根轨迹分析闭环控制系统性能的一般步骤如下：

（1）由给定参数确定闭环系统的零极点的位置；

（2）分析参数变化对系统稳定性的影响；

（3）分析系统的瞬态和稳态性能；

（4）根据性能要求确定系统的参数；

（5）对系统进行校正。

1. 稳定性

由根轨迹在 s 平面的分布情况就可以分析系统的稳定性。如果全部根轨迹都位于 s 平面左半部分，则说明系统是稳定的；如果根轨迹有一条或一条以上的分支全部位于 s 平面的右半平面，则说明系统始终不稳定；如果根轨迹有一条或一条以上的分支有部分进入 s 平面的右半平面，则说明系统是有条件的稳定，可以求出临界参数，为系统的设计和优化提供依据。

例如，开环系统传递函数为 $G_k(s) = \dfrac{K_g(s^2 + 2s + 4)}{s(s+4)(s+6)(s^2 + 1.4s + 1)}$，其根轨迹如图 4-9 所示，当 $0 < K_g < 14$ 和 $64 < K_g < 195$ 时，系统是稳定的；当 $K_g > 195$ 和 $14 < K_g < 64$ 时，系统是不稳定的。

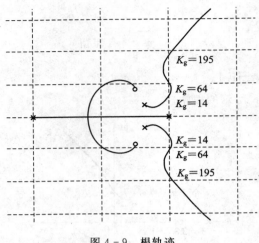

图 4 - 9　根轨迹

通过上述分析，可以得出以下两条结论：

（1）开环放大系数 K 影响闭环极点分布；

（2）K 与闭环极点一一对应，进而可确定系统稳定性及其他各项性能指标。

2. 动态性能

理论研究表明，系统的超调量、调整时间等动态性能指标与控制系统闭环传递函数极点的位置有关。首先，闭环极点越远离虚轴，系统调节时间就越小，快速性也越好。其次，闭环极点越靠近实轴，系统超调量就越小，系统稳定性也越高。

下面以二阶系统为例进行说明。设闭环特征方程为 $s^2 + 2\xi\omega_n s + \omega_n^2 = 0 (0 < \xi < 1)$，则系统的性能指标可以通过公式进行估算。估算公式为

$$\sigma\% = e^{\frac{-\xi\pi}{\sqrt{1-\xi^2}}} \times 100\%$$

$$t_s = \frac{3}{\zeta\omega_n}$$

而方程对应的一对极点为 $s_{1,2} = \zeta\omega_n \pm j\omega_n\sqrt{1-\zeta^2}$，如图 4 - 10 所示。在 s 平面上我们发现闭环极点与负实轴的夹角 β 反映了系统的超调量，夹角 β 越大，$\dfrac{\zeta\pi}{\sqrt{1-\zeta^2}}$ 越小，超调量越小。闭环极点在 s 左平面的分布反映了系统的调节时间，越远离虚轴，$\zeta\omega_n$ 越大，系统调节时间越小。

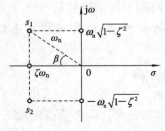

图 4 - 10　二阶系统极点分布

当系统具有多个闭环极点时，可借助于主导极点的概念，将系统简化成低阶系统来处理。所谓主导极点是指在系统所有的闭环极点中，距离虚轴最近且周围无闭环零点的极点，而其余极点又远离虚轴，那么距虚轴最近的极点所对应的响应分量在系统响应中起主导作用，这样的闭环极点称为主导极点。

分析动态性能时需要注意以下三点：

（1）若非主导极点与主导极点实部比大于 5，且主导极点附近又无闭环零点，则非主导极点可忽略。一般可近似将高阶系统看成由共轭复数主导极点构成的二阶系统或由实数主导极点组成的一阶系统，进行性能分析。

（2）当主导共轭复数极点位于 $\beta=\pm 45°$ 等阻尼线上，其对应最佳阻尼系数为 $\zeta=0.707$，系统的平稳性较好。

（3）闭环零点可以抵消或削弱附近闭环极点的作用。当某个零点 $-z_i$ 与某个极点 $-p_j$ 非常接近时，称为一对偶极子。在一般情况下，偶极子对系统暂态响应的影响可以忽略。所以，可在系统中人为引入适当的零点，以抵消对动态过程中有明显坏影响的极点，从而提高性能指标。

3. 增加开环零、极点对根轨迹和系统性能的影响

已知系统开环传递函数 $G_k(s)=\dfrac{K_g}{s(s+1)}$，增加 $-p=-2$ 或 $z=-2$，分别画出三幅零极点图，讨论对系统根轨迹和动态性能的影响。图 4-11(a) 为原系统的零极点分布图，图 4-11(b) 为原系统增加极点后的零极点分布图，图 4-11(c) 为原系统增加零点后的零极点分布图。

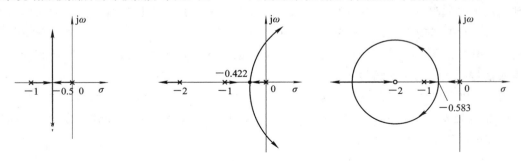

(a) 原系统的零极点分布图　　(b) 原系统增加极点后的零极点分布图　　(c) 原系统增加零点后的零极点分布图

图 4-11　开环零、极点对根轨迹和系统性能的影响

对比图(a)和(b)，增加极点后，根轨迹及其分离点向右偏移，K_g 从 $0\to\infty$，两条根轨迹离开实轴，并进入 s 右半平面，系统不稳定。当根轨迹仍在 s 左半平面时，K_g 增加，β 增大，超调量增大，振荡程度增大，ζ 减小，调整时间增大，快速性下降，动态性能下降。

对比图(a)和(c)，增加零点后，根轨迹及其分离点向左偏移，根轨迹始终在 s 左半平面，最后变为两个负实根，稳定性提高，β 减小，振荡程度减小，调整时间减小，快速性上升，动态性能提高。

综上所述，增加开环零点对根轨迹的影响可以总结为以下四点：

（1）改变了根轨迹在实轴上的分布。增加开环零点会使根轨迹向左半 s 平面弯曲或移动，增加开环极点会使根轨迹向右半 s 平面弯曲或移动。

（2）改变了根轨迹渐近线的条数、倾角和截距。

（3）可构成开环偶极子，改善系统性能。

（4）根轨迹曲线向左偏移。这意味着闭环极点向左偏移虚轴，稳定裕度好，快速性好，所加开环零点越靠近虚轴，影响越大。因此，常在工程中采用增加零点的方法对系统进行校正。

4.2 频 域 分 析 法

时域分析法具有直观、准确的优点。如果描述系统的微分方程是一阶或二阶的，求解后可利用时域指标直接评估系统的性能。然而实际系统往往都是高阶的，要建立和求解高阶系统的微分方程比较困难，而且按照给定的时域指标设计高阶系统也不是一件容易的事。在这种情况下，频域分析法应运而生。

频域分析法主要适用于线性定常系统，是分析和设计控制系统的一种实用的工程方法，应用十分广泛。它克服了求解高阶系统时域响应十分困难的缺点，可以根据系统的开环频率特性去判断闭环系统的稳定性，分析系统参数对系统性能的影响，在控制系统的校正设计中应用尤为广泛。

4.2.1 频率特性

对于一个稳定的线性定常系统，在其输入端施加一个正弦信号时，当动态过程结束后，在其输出端必然得到一个与输入信号同频率的正弦信号，其幅值和初始相位为输入信号频率的函数。对于不稳定的线性定常系统，在正弦信号作用下，其输出信号的瞬态分量不可能消逝，瞬态分量和稳态分量始终存在。系统的稳态分量是无法观察到的，但稳态分量是与输入信号同频率的正弦信号。

所以，可以将线性定常系统的正弦信号的幅值与输入信号的幅值之比定义为幅频特性 $A(\omega)$，相位之差定义为相频特性 $\varphi(\omega)$。系统的频率特性就是指系统的幅频特性和相频特性，通常用复数来表示

$$A(\omega)e^{j\varphi(\omega)} = \Phi(j\omega) = \Phi(s)\big|_{s=j\omega}$$

$$A(\omega) = |\Phi(j\omega)|$$

$$\varphi(\omega) = \angle\Phi(j\omega)$$

显然，只要在传递函数中令 $s=j\omega$ 即可得到频率特性。频率特性是频域分析法分析和设计控制系统时所用的数学模型，它既可以根据系统的工作原理应用机理分析法建立起来，也可以由系统的其他数学模型（传递函数、微分方程等）方便地转换过来，或用实验法来确定。

4.2.2 图示方法

在工程分析和设计中，通常把频率特性画成一些曲线，从频率特性曲线出发进行研究。这些曲线包括幅频特性和相频特性曲线、幅相频率特性曲线、对数频率特性曲线以及对数幅相曲线等。

以 $\Phi(\mathrm{j}\omega) = \dfrac{1}{1 + \mathrm{j}\omega T}$ $\left(A(\omega) = \dfrac{1}{\sqrt{1 + (\omega T)^2}} , \varphi(\omega) = -\arctan\omega T\right)$ 为例，我们可以根据相

关定义作出几种常用的频率特性曲线，如图 4-12～图 4-14 所示。

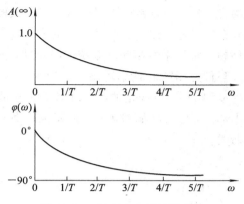

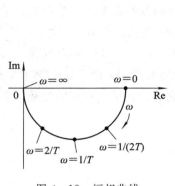

图 4-12　幅相曲线

图 4-13　幅频和相频特性曲线

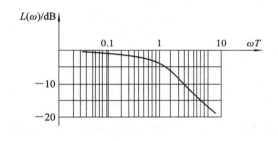

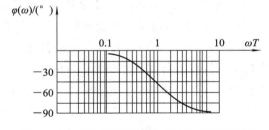

图 4-14　对数幅频特性和对数相频特性曲线

　　幅频特性和相频特性曲线是指在直角坐标系中分别画出幅频特性和相频特性随频率 ω 变化的曲线，其中横坐标表示频率 ω，纵坐标分别表示幅频特性 $A(\omega)$ 和相频特性 $\varphi(\omega)$。

　　幅相频率特性曲线简称幅相曲线，是频率响应法中常用的一种曲线。其特点是把频率 ω 看作参变量，将频率特性 $\Phi(\mathrm{j}\omega)$ 的幅频特性和相频特性同时表示在复数平面上。

　　对数频率特性曲线又称伯德曲线，包括对数幅频和对数相频两条曲线，是频率响应法中广泛使用的一组曲线。这两条曲线连同它们的坐标组成了对数坐标图（也称伯德图）。对数频率特性曲线的横坐标表示频率 ω，并按对数分度，单位是 rad/s。所谓对数分度，是指横坐标以 $\lg\omega$ 进行均匀分度。对数幅频特性曲线的纵坐标表示对数幅频特性的数值，均匀分度，定义为 $L(\omega) = 20\lg A(\omega)$，单位是分贝，记作 dB；对数相频特性曲线的纵坐标表示相频特性的数值，均匀分度，单位是°。

4.2.3　奈奎斯特稳定判据

前面介绍了两种判断系统稳定性的方法，代数判据法是根据特征方程根和系数的关系判断系统的稳定性，根轨迹法是根据特征方程式的根随系统参量变化的轨迹来判断系统的稳定性。本节介绍另一种重要并且实用的方法——奈奎斯特稳定判据。这种方法可以根据系统的开环频率特性来判断闭环系统的稳定性，并能确定系统的相对稳定性。

系统开环传递函数的频率特性称为开环频率特性。设系统的特征方程为 $F(s)=1+G(s)H(s)=0$。闭环系统稳定的充分和必要条件是特征方程的根，即 $F(s)$ 的零点，都位于 s 平面的左半部。可以选择如图 4-15 所示的一条包围整个 s 平面右半部的按顺时针方向运动的封闭曲线。

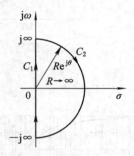

图 4-15　奈奎斯特回线

该曲线一部分是沿着虚轴由下向上移动的直线段 C_1，在此线段上 $s=j\omega$，ω 由 $-\infty$ 变到 $+\infty$；另一部分是半径为无穷大的半圆 C_2，如此定义的封闭曲线肯定包围了 $F(s)$ 的位于右半部的所有零点和极点。通常称这个封闭曲线为奈奎斯特回线，简称奈氏回线。

当 s 沿着 s 平面上的奈奎斯特回线移动一周时，$F(s)$ 的值随 s 的变化而变化，在 $F(s)$ 平面得到相应的映射曲线 Γ_F。系统开环传递函数为 $G(s)H(s)=F(s)-1$，其映射曲线 Γ_{GH} 可以由 Γ_F 向左平移一个单位得到。两个曲线的关系如图 4-16 所示。

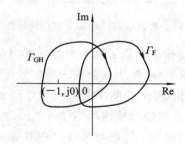

图 4-16　Γ_{GH} 和 Γ_F 的关系

将 $s=j\omega$ 代入 $G(s)H(s)$，得到开环频率特性 $G(j\omega)H(j\omega)$。当 ω 由零至无穷大变化时，映射曲线 Γ_{GH} 即为系统的开环频率特性曲线，即幅相曲线。ω 从零到负无穷大时的幅相曲线与 ω 从零到正无穷大时的幅相曲线对称于实轴，所以一般只要求画出 ω 从零到正无穷大时的幅相曲线。

奈奎斯特稳定判据（简称奈氏判据）表述如下：闭环控制系统稳定的充分和必要条件是，当 ω 从 $-\infty$ 变化到 $+\infty$ 时，系统的开环频率特性曲线 $G(j\omega)H(j\omega)$ 按逆时针方向包围 $(-1, j0)$ 点 N 周，N 等于位于 s 平面右半部的开环极点数目 P。

在实际应用中，常常只需画出 ω 从 0 变化到 $+\infty$ 时的曲线，此时系统的开环频率特性曲线 $G(j\omega)H(j\omega)$ 按逆时针方向包围 $(-1, j0)$ 点 N 周。这时稳定判据改写为：

$$Z = P - 2N = 0$$

其中，Z 为闭环系统位于右半部的极点数。

显然，若开环系统稳定，即位于 s 平面右半部的开环极点数 $P=0$，则闭环系统稳定的充分和必要条件是系统的开环频率特性 $G(j\omega)H(j\omega)$ 不包围 $(-1, j0)$ 点。

例 4-5　根据系统的幅相曲线及开环传递函数，判断系统的稳定性。（系统开环传递函数有一极点在 s 平面的原点处，因此 ω 从 0 到 0^+ 时，幅相曲线应以无穷大半径顺时针补画 $1/4$ 周。）

(1) $G(s)H(s) = \dfrac{K}{T_1 s - 1}$；

(2) $G(s)H(s) = \dfrac{K}{s(Ts + 1)}$。

解　(1) 由图 4-17 可知，当 $0 < K < 1$ 时，其幅相曲线不包围 $(-1, j0)$ 点，$N=0$，闭环系统位于右半部的极点数 $Z = P - 2N = 1$，系统是不稳定的。当 $K > 1$ 时，幅相曲线逆时针包围 $(-1, j0)$ 点 $1/2$ 周，$N = 1/2$，$Z = P - 2N = 0$，系统是稳定的。

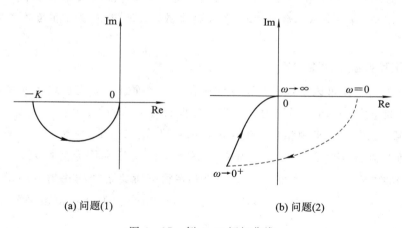

(a) 问题(1)　　　　　　(b) 问题(2)

图 4-17　例 4-5 幅相曲线

(2) 在幅相曲线上顺时针补画 $1/4$ 周后可以发现，系统的开环传递函数在右半 s 平面没有极点，开环频率特性 $G(j\omega)H(j\omega)$ 又不包围 $(-1, j0)$ 点，闭环系统是稳定的。

4.2.4　稳定裕量

1. 幅相曲线和伯德图之间的关系

系统开环频率特性的幅相曲线和伯德图（Bode 图）之间存在着一定的对应关系。奈氏图上 $|G(j\omega)H(j\omega)| = 1$ 的单位圆与伯德图对数幅频特性的零分贝线相对应，单位圆以外对应

于 $L(\omega)>0$；奈氏图上的负实轴对应于伯德图上相频特性的 $-\pi$ 线，如图 4-18 所示。

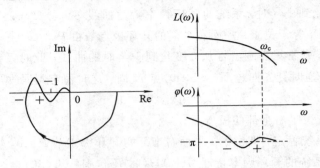

图 4-18 幅相曲线和伯德图之间的关系

如开环频率特性按逆时针方向包围 $(-1,\text{j}0)$ 点一周，则 $G(\text{j}\omega)H(\text{j}\omega)(0\leqslant\omega\leqslant\infty)$ 必然从上到下穿过负实轴的 $(-1,-\infty)$ 段一次。这种穿越伴随着相角增加，称为正穿越，以 "+" 表示。由于在正穿越处，因此 $|G(\text{j}\omega)H(\text{j}\omega)|>1$。相应地在伯德图上，规定在 $L(\omega)>0$ 范围内，相频曲线 $\varphi(\omega)$ 由下而上穿越 $-\pi$ 线为正穿越。反之，如开环频率特性按顺时针方向包围 $(-1,\text{j}0)$ 点一周，则 $G(\text{j}\omega)H(\text{j}\omega)(0\leqslant\omega\leqslant\infty)$ 必然从下到上穿过负实轴的 $(-1,-\infty)$ 段一次。这种穿越伴随着相角减小，称为负穿越。在负穿越处，$|G(\text{j}\omega)H(\text{j}\omega)|>1$。相应地在伯德图上，规定在 $L(\omega)>0$ 范围内，相频曲线 $\varphi(\omega)$ 由上而下穿越 $-\pi$ 线为负穿越。

对数频率特性时的奈奎斯特判据可表述如下：闭环系统稳定的充要条件是当 ω 由 0 变到 $+\infty$ 时，在开环对数幅频特性 $L(\omega)>0$ 的频段内，相频特性曲线 $\varphi(\omega)$ 穿越 $-\pi$ 线的次数 $N=N_+-N_-$（N_+ 为正穿越次数，N_- 为负穿越次数）为 $P/2$，P 为 s 平面右半部开环极点的数目。

2. 伯德图和系统相对稳定性

利用这种方法不仅可以定性地判别系统的稳定性，而且可以定量地反映系统的相对稳定性，即稳定的裕度。后者与系统的暂态响应指标有着密切的关系。

系统的相对稳定性通常用相角裕度 γ 和幅值裕度 G_m 来衡量。

相角裕度 γ 在频率特性上对应于幅值 $A(\omega)=1$ 的角频率称为剪切频率 ω_c（或称截止频率）。在剪切频率 ω_c 处，使系统达到稳定的临界状态所要附加的相角迟后量称为相角裕度，以 γ 或 ρ_m 表示。不难看出 $\gamma=180°+\varphi(\omega_c)$，其中 $\varphi(\omega_c)$ 为开环相频特性在 $\omega=\omega_c$ 处的相角。

幅值裕度 G_m 在频率特性上对应于相角 $\varphi(\omega)=-\pi$ 弧度处的角频率称为相角交界频率 ω_g，开环幅频特性的倒数 $1/A(\omega_g)$ 称为幅值裕度，以 G_m 表示，即

$$G_m=\frac{1}{A(\omega_g)}$$

图 4-19 将稳定系统与不稳定系统的频率特性进行对比。幅值裕度 G_m 是一个系数，若开环增益增加该系数倍，则开环频率特性曲线将穿过 $(-1,\text{j}0)$ 点，闭环系统达到稳定的临界状态。开环增益增大有可能会导致系统不稳定。在伯德图上，幅值裕度用分贝数来表示：
$h=-20\lg A(\omega_g)$（dB）。

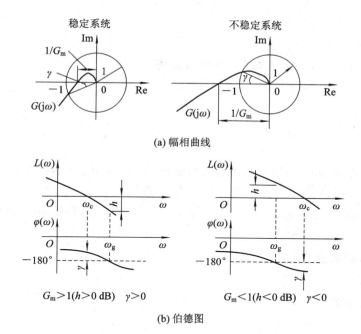

(a) 幅相曲线

$G_m > 1 (h > 0 \text{ dB})$　$\gamma > 0$　　　　$G_m < 1 (h < 0 \text{ dB})$　$\gamma < 0$

(b) 伯德图

图 4-19　稳定和不稳定系统的频率特性

　　保持适当的稳定裕度，可以预防系统中元件性能变化可能带来的不利影响，提高相对稳定性。为了得到较满意的暂态响应，一般相角裕度 γ 应当在 30°至 70°之间，而幅值裕度应大于 6 dB。在大多数实际系统中，要求开环对数幅频曲线在截止频率 ω_c 附近的斜率为 -20 dB/dec，且有一定的宽度。如果此斜率设计为 -40 dB/dec，系统即使稳定，相角裕度也过小；如果此斜率为 -60 dB/dec 或更小，则系统是不稳定的。

4.3　MATLAB 仿真

下面主要介绍本节中需要使用的 MATLAB 命令。

1. 直接求特征多项式的根

设 **p** 为特征多项式的系数向量，则 MATLAB 函数 roots( ) 可以直接求出方程 **p** = 0 在复数范围内的解 **v**，该函数的调用格式为

　　　v = roots(p)

特征方程的解可由下面的 MATLAB 命令得出：

　　　≫ p = [1, 0, 3, 2, 1, 1];　　　v = roots(p)

2. 由根创建多项式

　　如果已知多项式的因式分解式或特征根，可由 MATLAB 函数 poly( ) 直接得出特征多项式的系数向量，其调用格式为：

　　　p = poly(v)

例如，求特征多项式的根的程序格式为

　　≫ v = [0.3202 + 1.7042i; 0.3202 − 1.7042i; −0.7209; 0.0402 + 0.6780i; 0.0402

—0.6780i];

>> p＝poly(v)

3. 利用 MATLAB 绘制系统单位阶跃响应曲线

命令格式：

step(num, den)

step(num, den, t)

[y, x]＝step(num, den)

函数格式 1：给定 num、den，求系统的阶跃响应。时间向量 t 的范围自动设定。

函数格式 2：时间向量 t 的范围可以人工给定（例如，t＝0：0.1：10）。

函数格式 3：返回变量格式。计算所得的输出 y、状态 x 及时间向量 t 返回至命令窗口，不作图。

4. 绘制系统根轨迹

命令格式：

rlocus(sys)

rlocus(num, den)

注意：如果开环传递函数写成零极点的形式，则需要用下列语句先将该形式写成多项式形式

[num, den] ＝ zp2tf(z, p, k)

5. 绘制奈氏曲线

控制系统工具箱中提供了一个 MATLAB 函数 nyquist( )，该函数可以用来直接求解 Nyquist 阵列或绘制奈氏图。

命令格式

nyquist(num, den)

nyquist(G)

6. 利用 MATLAB 绘制系统伯德图

命令格式：

bode(num, den)

bode(num, den, w)

[mag, phase, w]＝bode(mun, den)

函数格式 1：在当前图形窗口中直接绘制系统的伯德图，角频率的范围自动设定。

函数格式 2：用于绘制系统的伯德图，为输入给定角频率，定义绘制伯德图时的频率范围或者频率点。

函数格式 3：返回变量格式，不作图。计算系统伯德图的输出数据，输出变量 mag 是系统伯德图的幅值向量 mag。

7. 计算稳定裕度

命令格式：

margin(num, den)

[Gm，Pm，g，c]＝ margin(num，den)（Gm 指相角裕度，Pm 指幅值裕度）

函数格式 1：给定开环系统的数学模型，作伯德图，并在图上标注增益裕度和对应频率，相位裕度和对应频率。

函数格式 2：返回变量格式，不作图。

例 4-6 某一控制对象的传递函数为 $G(s) = \dfrac{4.9}{s^2 - 48.3}$，画出根轨迹并判断系统稳定性。

解 由题意可知系统没有零点，有两个极点 $\lambda_1 = 6.9498$，$\lambda_2 = -6.9498$。系统传递函数的根轨迹如图 4-20 所示，可以看出传递函数的一个极点位于右半平面，并且有一条根轨迹起始于该极点，并沿着实轴向左到位于原点的零点处，然后沿着虚轴向上。这意味着无论增益如何变化，这条根轨迹总是位于右半平面，即系统总是不稳定的。

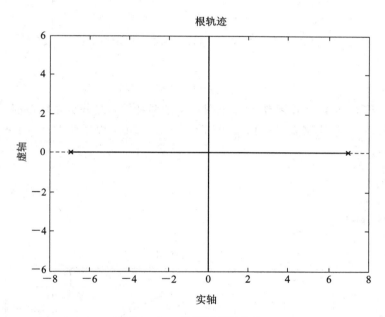

图 4-20　系统开环根轨迹

MATLAB 绘制根轨迹程序如下：

```
≫clear;
num＝[4.9];
den＝[1，0，−48.3];
Rlcous(num，den)
z＝roots(num)
p＝roots(den)
```

画出的系统阶跃响应曲线也证明了系统是不稳定的。

MATLAB 绘制的闭环系统阶跃响应曲线如图 4-21 所示，程序如下：

```
≫num＝[4.9];
den＝[1，0，−48.3];
sys＝tf(num，den);
```

```
close_sys=feedback(sys, 1);
step(close_sys);
```

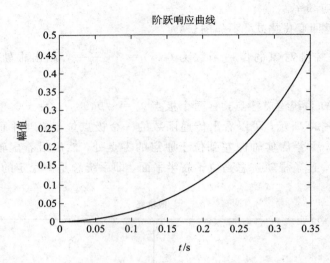

图 4-21 系统阶跃响应曲线

例 4 - 7 绘制例 4-6 中系统的伯德图和奈奎斯特图,并分析系统性能。

解 用 MATLAB 绘制系统的伯德图如图 4-22 所示,程序如下:

```
≫clear;
num=[4.9];
den=[1, 0, -48.3];
G=tf(num. den);
bode(G);grid
```

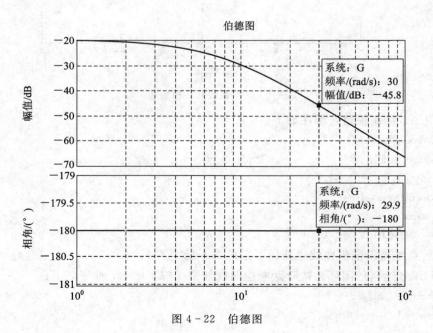

图 4-22 伯德图

MATLAB 绘制系统的奈奎斯特图如图 4-23 所示，程序如下：

```
≫ clear;
num=[4.9];
den=[1，0，-48.3];
G=tf(num，den);
nyquist(G);grid
```

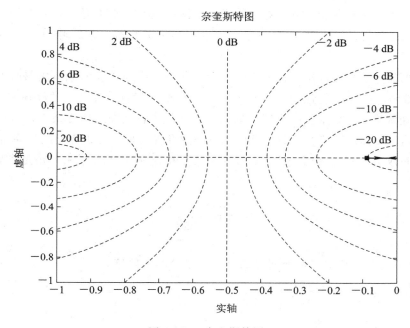

图 4-23 奈奎斯特图

从图 4-23 可知系统没有零点，但存在两个极点，其中一个极点位于 s 右半平面，根据奈奎斯特稳定性判据，闭环系统稳定的充分必要条件是当 ω 从 $-\infty$ 到 $+\infty$ 变化时，开环传递函数 $G(j\omega)H(j\omega)$ 沿逆时针方向包围 -1 点 P 圈，其中 P 为开环传递函数在 s 右半平面内的极点数。对于例 4-6 中的控制系统，开环传递函数在 s 右半平面有一个极点，因此 $G(j\omega)H(j\omega)$ 需要沿逆时针方向包围 -1 点一圈。可以看出，系统的奈奎斯特图并没有逆时针绕 -1 点一圈，因此系统不稳定，需要设计控制器来稳定系统。

单 元 小 结

（1）当系统开环传递函数中某参数（如根轨迹增益）在某一范围内连续变化时，闭环特征根在 s 平面上移动的轨迹称为根轨迹。开环零极点、开环增益等参数对根轨迹有影响，可通过开环传递函数来画出系统的根轨迹。

（2）根轨迹分析：根轨迹全部位于 s 平面的左半侧，且离虚轴越远系统越稳定。闭环极点的实部反映系统的调整时间，负实数极点离虚轴越远，系统的调节时间就越短，响应越快。闭环极点与负实轴的夹角 β 反映了系统的超调量。系统稳态误差的大小与系统的开环增益成反比，开环增益与根轨迹增益之间又有确定的比例关系。当系统具有多个闭环极点时，可借助于主导极点的概念，将系统简化成低阶系统来处理。

（3）改变开环传递函数的参数可以达到改变系统性能的目的。增加开环零点使根轨迹向左移动或弯曲，可提高系统的相对稳定性；增加开环极点对根轨迹的影响，使根轨迹向右移动或弯曲，可降低系统的相对稳定性。

（4）频率特性是根据线性定常系统在正弦信号作用下输出的稳态分量而定义的，但它能反映系统动态过程的性能。频率特性既可以根据系统的工作原理，应用机理分析法建立起来；也可以由系统的其他数学模型（传递函数、微分方程等）方便地转换过来，或用实验法来确定。

（5）在工程分析和设计中，通常把频率特性画成一些曲线，从频率特性曲线出发进行研究。这些曲线包括幅频特性和相频特性曲线、幅相频率特性曲线、对数频率特性曲线以及对数幅相曲线等，其中幅相频率特性曲线和对数频率特性曲线应用最广。

（6）利用奈奎斯特稳定性判据，可根据系统的开环频率特性来判断闭环系统的稳定性，并可定量地反映系统的相对稳定性，即稳定裕度。稳定裕度通常用相角裕度和幅值裕度来表示。

1. 绘制下列开环传递函数所对应的负反馈系统的根轨迹。

（1）$G(s)H(s) = \dfrac{K_g}{s(s+2)(s^2+2s+2)}$；

（2）$G(s)H(s) = \dfrac{K_g(s+2)}{s(s+3)(s^2+2s+2)}$

2. 设系统的开环传递函数为 $G(s)H(s) = \dfrac{(4s+1)}{s^2(s+1)(2s+1)}$，试画出概略的幅相曲线。

3. 已知系统开环传递函数 $G(s) = \dfrac{1}{s^v(s+1)(s+2)}$，试分别画出 $v=1$、2、3、4 时的概略开环幅相曲线。（曲线图如图 4-24 所示，填写与图对应 v 值）

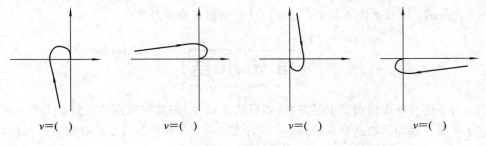

$v=(\quad)$ $v=(\quad)$ $v=(\quad)$ $v=(\quad)$

图 4-24　习题 3

4. 已知单位反馈系统的开环传递函数为 $G(s) = \dfrac{k}{s(s+1)(0.5s+1)}$，试用根轨迹分析系统的稳定性。

5. 设反馈系统中 $G(s) = \dfrac{K}{s^2(s+2)(s+5)}$，$H(s)=1$

要求：绘制系统根轨迹图，并讨论闭环系统的稳定性。

6. 已知下列系统的开环传递函数（所有参数均大于 0）及其对应的幅相曲线分别如图 4-25(1)～(10)所示，应用 Nyquist 稳定性判据判断各系统的稳定性。若闭环系统不稳定，指出系统在 s 平面右半部的闭环极点数。

(1) $G(s) = \dfrac{K}{(T_1 s+1)(T_2 s+1)(T_3 s+1)}$；

(2) $G(s) = \dfrac{K}{s(T_1 s+1)(T_2 s+1)}$；

(3) $G(s) = \dfrac{K}{s^2(Ts+1)}$；

(4) $G(s) = \dfrac{K(T_1 s+1)}{s^2(T_2 s+1)}$；

(5) $G(s) = \dfrac{K}{s^3}$；

(6) $G(s) = \dfrac{K(T_5 s+1)(T_6 s+1)}{s(T_1 s+1)(T_2 s+1)(T_3 s+1)(T_4 s+1)}$；

(7) $G(s) = \dfrac{K(T_1 s+1)(T_2 s+1)}{s^3}$；

(8) $G(s) = \dfrac{K}{Ts-1}$；

(9) $G(s) = \dfrac{-K}{-Ts+1}$；

(10) $G(s) = \dfrac{K}{s(Ts-1)}$。

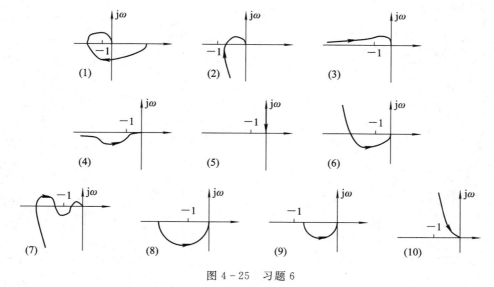

图 4-25 习题 6

7. 已知系统开环传递函数为 $G(s) = \dfrac{10}{s(2s+1)(s^2+0.5s+1)}$，试分别计算 $\omega=0.5$ 和

$\omega=2$时，开环频率特性的幅值$|G(j\omega)|$和相位$\angle G(j\omega)$。

8. 已知两个最小相位系统的开环对数相频特性曲线如图4-26所示，试分别确定系统的稳定性。鉴于改变系统开环增益可使系统剪切频率变化，试确定闭环系统稳定时，剪切频率ω_c的范围。

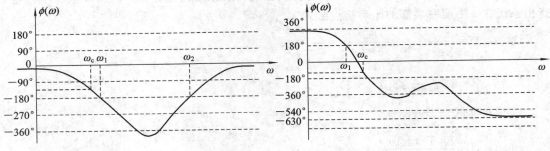

图4-26 习题8

单元五　线性控制系统的校正

当控制系统的稳态、静态性能不能满足实际工程中所要求的性能指标时，我们该怎么办？通常有两种解决问题的思路：一方面，可以调整系统中的某些参数，例如传送带速度太快时可将速度调低；另一方面，可以在原有系统中增添一些装置和元件，改变系统的结构和性能。本章将具体介绍后一种方法。

 学习目标

（1）了解系统校正的基本概念及各种校正的特点。

（2）了解 PID 控制规律及其对系统的影响。

（3）了解相位超前校正装置、滞后校正装置和滞后-超前校正装置的特点及传函；了解各种校正装置的频率特性设计方法。

5.1　校正方式及其装置

在原有系统中增添一些装置和元件，人为改变系统的结构和性能，使之满足要求的性能指标，我们把这种方法称为校正，增添的装置和元件称为校正装置和校正元件。系统中除校正装置以外的部分组成了系统的不可变部分，我们称为固有部分。

系统的校正问题是一种原理性的局部设计。进行控制系统的校正设计，除了应知道系统固有部分的特性与参数外，还需要知道对系统提出的全部性能指标。如果性能指标以单位阶跃响应的峰值时间、调节时间、超调量、阻尼比、稳态误差等时域特征量给出时，可采用时域法校正或根轨迹法校正；如果性能指标以系统的相角裕度、幅值裕度、谐振裕度、闭环带宽、稳态误差系数等频域特征量给出时，一般采用频率法校正。

5.1.1　主要校正方式

按照校正装置在系统中的连接方式，控制系统校正方式可分为串联校正、反馈校正、前馈校正和复合校正四种。

1. 串联校正

如图 5-1 所示，串联校正装置一般接在系统误差测量点之后和放大器之前，串接于系统前向通道之中。

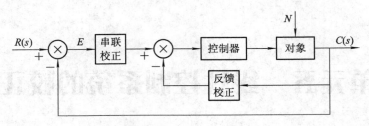

图 5-1　串联校正和反馈校正

2. 反馈校正

反馈校正装置接在系统局部反馈通路之中。通常反馈校正可分为硬反馈和软反馈。硬反馈校正装置的主体是比例环节(可能还含有小惯性环节),它在系统的动态和稳态过程中都起反馈校正作用;软反馈校正装置的主体是微分环节(可能还有小惯性环节),它只在系统的动态过程中起反馈校正作用,在稳态时如同断路,不起作用。反馈校正的优点有:① 减小系统时间常数,加快系统响应速度;② 降低系统对参数变化的敏感性;③ 削弱非线性特性的影响;④ 抑制系统噪声。

3. 前馈校正

前馈校正又称顺馈校正,是在系统主反馈回路之外采用的校正方式。如图 5-2 所示,前馈校正装置接在系统给定值(或指令、参考输入信号)之后及主反馈作用点之前的前向通道上,这种校正方式的作用相当于对给定值信号进行整形或滤波后,再送入反馈系统;另一种前馈校正装置接在系统可测扰动作用点与误差测量点之间,对扰动信号进行直接或间接测量,并经变换后接入系统,形成一条附加的对扰动影响进行补偿的通道。前馈校正可以单独作用于开环控制系统,也可以作为反馈控制系统的附加校正而组成复合控制系统。

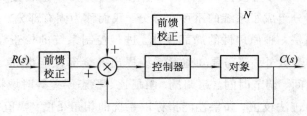

图 5-2　前馈校正

4. 复合校正

在控制系统设计中,常用的校正方式为串联校正和反馈校正两种。究竟选用哪种校正方式,取决于系统中的信号的性质、技术实现的方便性、可供选用的元件、抗干扰性要求、经济性要求、环境使用条件以及设计者的经验等因素。一般来说,串联校正设计比反馈校正设计简单,也比较容易对信号进行各种必要形式的变换。而反馈校正所需元件数目比串联校正少。由于反馈信号通常由系统输出端或放大器输出级供给,信号是从高功率点传向低功率点,因此反馈校正一般无需附加放大器。此外,反馈校正还可消除系统原有部分参数波动对系统性能的影响。在性能指标要求较高的控制系统设计中,常常兼用串联校正与反馈校正两种方式。

5.1.2　校正元件的分类

根据校正装置本身是否有电源，可分为无源校正装置和有源校正装置。

无源校正装置通常是由电阻和电容组成的二端口网络，构成如图 5-3 所示。无源校正装置线路简单，组合方便，无需外供电源，但本身没有增益，只有衰减；且输入阻抗低，输出阻抗高，因此在应用时要增设放大器或隔离放大器，以补偿其幅值衰减，并进行阻抗匹配。为了避免功率损耗，无源串联校正装置通常安置在前向通路中能量较低的部位上。

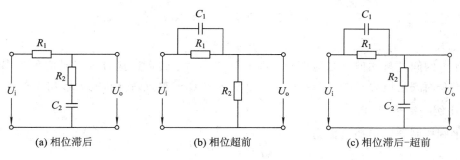

(a) 相位滞后　　　　　(b) 相位超前　　　　　(c) 相位滞后-超前

图 5-3　无源校正装置

无源校正按校正的效果可分为超前校正、滞后校正及两者的综合—滞后—超前校正。

超前校正：在所校正的频段，网络对输入信号有明显的微分作用，输出信号相角比输入信号相角超前。

滞后校正：在所校正的频段，网络对输入信号有明显的积分作用，输出信号相角比输入信号相角滞后。

有源校正装置应用较为广泛，是由运算放大器组成的调节器。有源校正装置本身有增益，且输入阻抗高，输出阻抗低；缺点是需另供电源。常见的有源校正装置为由电动（或气动）单元构成的 PID 控制器（或称 PID 调节器），如图 5-4 所示，它由比例单元、微分单元和积分单元组合而成，可以实现各种要求的控制规律。

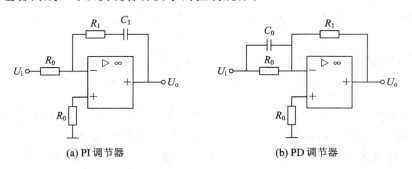

(a) PI 调节器　　　　　　　　(b) PD 调节器

图 5-4　有源校正装置

5.2　PID

在工业自动化设备中，也经常采用由电动或气动单元构成的组合型校正装置，由比例（P）单元、微分（D）单元及积分（I）单元可组成 PD、PI 及 PID 三种校正器。PID 控制是比例积分微分控制的简称，具有以下优点：

· 原理简单，使用方便。

· 适应性强，按 PID 控制规律进行工作的控制器早已商品化。即使目前最新式的过程控制计算机，其基本控制功能也仍然是 PID 控制。

· 鲁棒性强，即其控制品质对被控制对象特性的变化不大敏感。

在控制系统的设计与校正中，PID 控制规律的优越性是明显的，它的基本原理却比较简单。基本 PID 控制规律可描述为：

$$G_c(s) = K_P + \frac{K_I}{s} + K_D s$$

其中 K_P、K_I、K_D 为常数。

设计者的问题是如何恰当地组合这些元件或环节，确定连接方式以及它们的参数，以便使系统全面满足所要求的性能指标。所以掌握 PID 对参数系统新能的影响很重要。

1. 比例控制规律（P）

设比例控制器的传递函数为

$$G_c(s) = K_P$$

式中，K_P 称为比例系数或增益。

一般情况下，增大比例系数 K_P，可使系统的动作更加灵敏，速度更快，振荡次数更多，调节时间更长。当 K_P 太大时，系统会趋于不稳定。若 K_P 太小，又会使系统的响应动作变化缓慢。加大比例系数 K_P，在系统稳定的情况下，可以减小稳态误差，提高控制精度，却不能完全消除稳态误差。

2. 积分控制规律（I）

一般情况下，积分控制的传递函数设为

$$G_c(s) = \frac{K_I}{s}$$

其中，K_I 称为积分系数。

由于增加了一个位于原点的开环极点，使信号产生 90°相位滞后，不利于系统稳定性。通常不宜采用单一的 I 控制器。

PI 控制器的传递函数设为

$$G_c(s) = K_P + \frac{K_I}{s} = \frac{K_P(s + K_I/K_P)}{s}$$

积分调节的特点之一是无差调节。积分调节的另一个特点是在调节的过渡过程中没有比例调节稳定。对于同一被控对象，采用积分调节时，其调节过程的进程比采用比例调节时为慢，表现在振荡频率较低。增大积分速度将会增大振荡频率，降低控制系统的稳定程度。比例积分调节（PI）综合了比例调节（P）和积分调节（I）两者的优点，利用比例调节快速抵消了干扰的影响，同时又利用积分调节来消除了调节最终的残差。

3. 比例-微分控制规律（PD）

一般情况下，设比例微分控制的传递函数为

$$G_c(s) = K_P + K_D s$$

式中，K_D 称为微分增益。

微分控制的特点是控制器的输出与输入误差信号的微分（即误差的变化率）成正比关系。它能预测误差变化的趋势，能够提前使抑制误差的控制作用等于零，甚至为负值，从而避免了被控量的严重超调。微分调节具有某种程度的预见性，属于"超前校正"。但单独使用微分调节器是不能实际工作的，只能起辅助调节作用。因为只有当误差随时间变化时，微分作用才会对系统起作用，而对无变化或缓慢变化的对象不起作用，所以微分控制在任何情况下都不能单独地与被控对象串联使用，而只能构成 PD 或 PID 控制。另外，微分控制有放大噪声信号的缺点。

4. 比例-积分-微分控制规律（PID）

PID 控制器是比例、积分、微分三种控制作用的叠加，传递函数可表示为 $G_c(s) = K_P + \dfrac{K_I}{s} + K_D s$，也可改写为 $G_c(s) = K_P(1 + \dfrac{1}{T_I s} + T_D s)$。式中，$T_D = \dfrac{K_D}{K_P}$ 称为 PID 控制器的积分时间；$T_I = \dfrac{K_P}{K_I}$ 称为 PID 控制器的微分时间。

通过比较图 5-5 中各种控制规律的阶跃响应曲线，可以发现 PID 调节具有良好的稳态性能和动态性能：

· P 调节成分使得输出响应快，有利于稳定；

· I 调节成分可以消除静差，改善准确性，但却破坏了动态指标；

· D 调节成分可减小超调，缩短调节时间，改善动态性能。

三种调节取长补短，使调节质量更为理想。

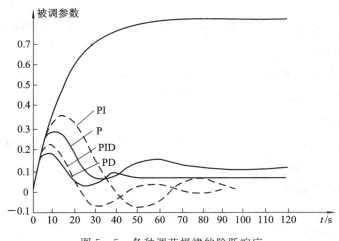

图 5-5　各种调节规律的阶跃响应

PID 控制器的参数整定是控制系统设计的核心内容。它根据被控过程的特性确定 PID 控制器的比例系数、积分时间和微分时间的大小。PID 控制器参数整定的方法很多，概括起来有两大类：

一是理论计算整定法，主要依据系统的数学模型，经过理论计算确定控制器参数。这种方法所得到的计算数据未必可以直接用，还必须通过工程实际进行调整和修改；

二是工程整定方法，主要依赖工程经验，直接在控制系统的试验中进行，且方法简单，易于掌握，在工程实际中被广泛采用。PID 控制器参数的工程整定方法主要有临界比例法、反应曲线法和衰减法。

现在一般采用的是临界比例法。利用该方法进行 PID 控制器参数的整定步骤如下：

（1）首先预选择一个足够短的采样周期让系统工作；

（2）仅加入比例控制环节，直到系统对输入的阶跃响应出现临界振荡，记下这时的比例放大系数和临界振荡周期；

（3）在一定的控制度下通过公式计算得到 PID 控制器的参数。

调整的过程可以总结为一个常用口诀：

参数整定找最佳，从小到大顺序查；先是比例后积分，最后再把微分加；曲线振荡很频繁，比例度盘要放大；曲线漂浮绕大弯，比例度盘往小扳；曲线偏离回复慢，积分时间往下降；曲线波动周期长，积分时间再加长；曲线振荡频率快，先把微分降下来；动差大来波动慢，微分时间应加长；理想曲线两个波，前高后低 4 比 1；一看二调多分析，调节质量不会低。

5.3 串联校正

系统设计中，采用何种形式的校正方式，取决于系统中信号的性质、技术实现的方便性、可供选择的元件、经济性、抗干扰性、使用环境条件以及设计者的经验等因素，在设计时需要综合考虑。本节就串联校正做详细的讲解。

从理论分析的角度看，控制系统的串联校正方法包括基于根轨迹的串联校正和基于频率特性的串联校正。

根据校正装置的特性，可分为超前校正装置、滞后校正装置和超前滞后校正装置。

1. 超前校正装置

校正装置输出信号在相位上超前于输入信号，即校正装置具有正的相角特性，这种校正装置称为超前校正装置，对系统的校正称为超前校正。

2. 滞后校正装置

校正装置输出信号在相位上滞后于输入信号，即校正装置具有负的相角特性，这种校正装置称为滞后校正装置，对系统的校正称为滞后校正。

3. 滞后-超前校正装置

校正装置在某一频率范围内具有负的相角特性，而在另一频率范围内却具有正的相角特性，这种校正装置称为滞后超前校正装置，对系统的校正称为滞后-超前校正。

5.3.1 超前校正

为了使校正装置输出信号在相位上超前于输入信号，一般将超前校正装置的传递函数定义为

$$G_c(s) = K_c \frac{s + Z_c}{s + P_c}$$

根据传递函数，可以做出零极点图如图 5 - 6 所示，对于上半复平面内的任一实验点 s_0，$G_c(s)$ 的辐角为

$$\arg[G_c(s)] = \arctan(s_0 + Z_c) - \arctan(s_0 + P_c) = \theta - \psi = \varphi > 0$$

所以，超前校正装置提供了一个超前角 φ。超前校正装置总是使校正后的开环传递函数的辐角增加。同时，由于超前校正装置中零点的作用大于极点，所以超前校正装置将使原系统的根轨迹左移。

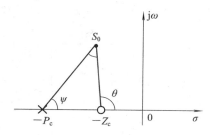

图 5-6　超前校正装置的零极点图

若将传递函数进行适当的变换，可得到超前校正装置典型传递函数的另一个表达形式

$$G_c(s) = \frac{Ts+1}{\alpha Ts+1}, \ 0 < \alpha < 1$$

其幅频特性和相频特性分别为

$$A(\omega) = |G_c(j\omega)| = \sqrt{\frac{(\omega T)^2 + 1}{(\alpha \omega T)^2 + 1}}$$

$$\varphi(\omega) = \angle G_c(j\omega) = \arctan\omega T - \arctan\alpha\omega T$$

可以通过幅频特性和相频特性，做出伯德图如图 5-7 所示。

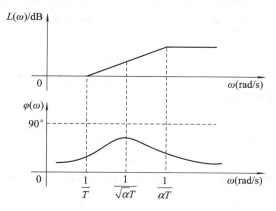

图 5-7　超前校正装置的伯德图

由图可知，超前校正装置在 $\omega = \omega_m = \dfrac{1}{\sqrt{\alpha}\, T}$ 处产生最大的超前角 $\varphi_m = \arcsin\dfrac{1-\alpha}{1+\alpha}$，超前校正装置在 $\omega = \omega_m = \dfrac{1}{\sqrt{\alpha}\, T}$ 处使得开环系统的幅频特性提高。此时，可以算得

$$L_m(\omega) = 20\lg A(\omega) = 20\lg\left(\frac{1}{\sqrt{\alpha}}\right) = 10\lg\left(\frac{1}{\alpha}\right)$$

超前校正是利用超前校正装置产生的相位超前效应，以补偿原系统的相位滞后。通常将最大超前角频率 ω_m 选在开环截止频率 ω_c 附近，使系统的相角裕度增大。此时，系统的相角裕度和开环截止频率增大，系统的瞬态性能得到改善，调节时间变短，相对稳定性增加。

总之，超前校正可以增加系统的稳定裕度并提高闭环系统的响应速度。

超前校正可以通过图 5-8 中的电路实现。这是一个比例微分校正装置，也称为 PD 调节器，其传递函数为

$$G(s) = -K(Ts+1)$$

式中：$K = R_1/R_0$，为比例放大倍数；$T = R_0 C_0$，为微分时间常数。

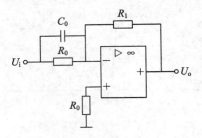

图 5-8　PD 调节器

基于根轨迹的超前校正需要的计算较为复杂。本书主要介绍用频率特性法设计串联超前校正装置的方法，步骤大致如下：

(1) 根据给定的系统稳态性能指标，确定系统的开环增益 K。

(2) 绘制在确定的 K 值下系统的伯德图，并计算其相角裕度 γ_0。

(3) 根据给定的相角裕度 γ，计算所需的相角超前量 φ_0。

$$\varphi_0 = \gamma - \gamma_0 + \varepsilon$$

其中 $\varepsilon = 5° \sim 20°$，是因为考虑到校正装置影响剪切频率的位置而留出的余量。

(4) 令超前校正装置的最大超前角 $\varphi_m = \varphi_0$，计算网络系数 α 的值

$$\alpha = \frac{1 - \sin\varphi_m}{1 + \sin\varphi_m}$$

(5) 校正网络在 $\omega = \omega_m$ 处的增益为 $10\lg(1/\alpha)$，同时确定未校正系统伯德图上增益为 $-10\lg(1/\alpha)$ 处的频率即为校正后系统的剪切频率 $\omega_c = \omega_m$。

(6) 求参数 T

$$T = \frac{1}{\sqrt{\alpha}\omega_m}$$

(7) 画出校正后系统的伯德图，验算系统的相角稳定裕度。如不符合要求，可增大 ε，并重新计算。

(8) 校验其他性能指标，必要时重新设计参数，使校正后系统满足全部性能指标。

例 5-1　某单位反馈系统的开环传递函数为

$$G(s) = \frac{40}{s(s+2)}$$

设计一个超前校正装置，使校正后系统的相位裕度为 $\gamma \geqslant 50°$。

解　绘制未校正系统的伯德图，如图 5-9 所示。由图可知未校正系统的相位裕度为 $\gamma_1 = 17°$。

根据相位裕度的要求确定超前校正网络的相位超前角：

$$\Phi = \gamma - \gamma_1 + \varepsilon = 50° - 17° + 5° = 38°$$

计算网络系数 α 的值

$$\frac{1}{\alpha} = \frac{1+\sin\varphi_m}{1-\sin\varphi_m} = \frac{1+\sin 38°}{1-\sin 38°} = 4.2$$

超前校正装置在 ω_m 处的幅值为 $10\lg\alpha = 10\lg 4.2 = 6.2$ dB，且未校正系统的开环对数幅值为 -6.2dB 时对应的频率为 $\omega = 9s^{-1}$，这一频率就作为校正后系统的截止频率。

计算超前校正网络的转折频率

$$\omega_m = \frac{1}{T\sqrt{\alpha}}$$

$$\omega_1 = \frac{\omega_m}{\sqrt{\alpha}} = 9\sqrt{4.2} = 18.4$$

$$\omega_2 = \omega_m\sqrt{\alpha} = \frac{9}{\sqrt{4.2}} = 4.4$$

所以，校正装置传递函数为

$$G_c(s) = \frac{s+4.4}{s+18.2} = 0.238\frac{1+0.227s}{1+0.054s}$$

为了补偿因超前校正网络的引入而造成系统开环增益的衰减，必须使附加放大器的放大倍数为 4.2。校正后，系统开环传递函数为

$$G_c(s)G_0(s) = \frac{4.2\times 40(s+4.4)}{s(s+2)(s+18.2)} = \frac{20(1+0.227s)}{s(1+0.5s)(1+0.054s)}$$

未校正系统、校正装置、校正后系统频率特性如图 5-9 所示。由该图可见相位裕度（$\gamma \geqslant 50°$）已满足系统设计要求。

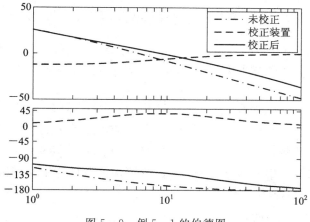

图 5-9　例 5-1 的伯德图

应当指出，在有些情况下采用串联超前校正是无效的，它受以下两个因素的限制：

（1）闭环带宽要求。若待校正系统不稳定，为了得到规定的相角裕度，需要超前网络提供很大的相角超前量。这样，超前网络的 α 值必须选得很大，会造成已校正系统带宽过大，使得通过系统的高频噪声电平很高，很可能使系统失控。

（2）在截止频率附近相角迅速减小的待校正系统，一般不宜采用串联超前校正。因为随着截止频率的增大，待校正系统相角迅速减小，使已校正系统的相角裕度改善不大，很难得到足够的相角超前量。在一般情况下，产生这种相角迅速减小的原因是，在待校正系统截止频率的附近，或有两个交接频率彼此靠近的惯性环节，或有一个振荡环节。

在上述情况下，系统可采用其他方法进行校正，例如采用两级（或两级以上）的串联超前网络（若选用无源网络，中间需要串接隔离放大器）进行串联超前校正，或采用一个滞后网络进行串联滞后校正，也可以采用测速反馈校正。

5.3.2 滞后校正

为了使校正装置输出信号在相位上滞后于输入信号，一般将滞后校正装置的传递函数定义为

$$G_c(s) = \frac{s + Z_c}{s + P_c}$$

其零、极点满足如图 5-10 所示的零极点图。与超前校正装置相反，滞后校正装置传递函数的辐角为负值。一般情况下，滞后校正系统的零极点距离原点很近，且两者的间距也很小，是一对偶极子，从而能够增加系统的开环增益而不改变系统的根轨迹形状和闭环极点的位置，对系统的动态性能影响不大。

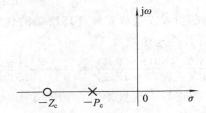

图 5-10 滞后校正的零极点图

从频率分析的角度，可以将滞后校正装置的传递函数定义为

$$G_c(s) = \frac{Ts + 1}{\beta Ts + 1} \quad \beta > 1$$

其幅频特性和相频特性分别为

$$A(\omega) = |G_c(j\omega)| = \sqrt{\frac{(\omega T)^2 + 1}{(\beta \omega T)^2 + 1}}$$

$$\varphi(\omega) = \angle G_c(j\omega) = \arctan \omega T - \arctan \beta \omega T$$

对数幅频特性和相频特性如图 5-11。滞后校正环节的主要作用是造成高频衰减，因此在系统的开环传递函数中串入滞后环节后，系统的幅频特性在中高频段会降低，因而截止频率ω_c减小，从而达到增加相角裕度的目的。

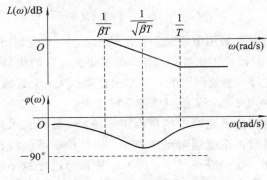

图 5-11 滞后校正装置的伯德图

滞后环节的相角滞后特性在校正中虽然是不利因素，但由于最大滞后角频率通常被安排在低频段，远离截止频率ω_c，因此相角滞后特性对于系统的瞬态性能和稳定性影响较小。

例 5-2　图 5-12 所示系统的固有开环传递函数为

$$G(s) = \frac{K_1}{(T_1 s + 1)(T_2 s + 1)}$$

其中 $T_1 = 0.33$，$T_2 = 0.036$，$K_1 = 3.2$。采用 PI 调节器（$K = 1.3$，$T = 0.33s$）对系统进行串联滞后校正。试比较系统校正前后的性能。

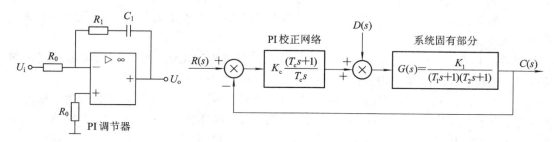

图 5-12　某滞后校正系统

　　解　原系统的伯德图如图 5-13 中曲线 I 所示。特性曲线低频段的斜率为 0 dB，显然是有差系统。穿越频率 $\omega_c = 9.5$ dB，相位裕量 $\gamma = 88°$。采用 PI 调节器校正，其传递函数 $G_c(S) = \dfrac{1.3(0.33s + 1)}{0.33s}$，伯德图为图 5-13 中的曲线 II。校正后的曲线如图 5-13 中的曲线 II 所示。

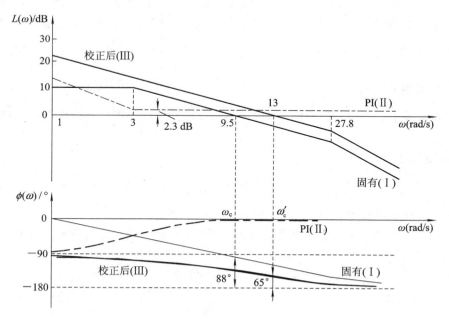

图 5-13　例 5-2 的伯德图

　　由图可见，增加比例积分校正装置后：在低频段，$L(\omega)$ 的斜率由校正前的 0 dB/dec 变为校正后的 −20 dB/dec，系统由 0 型变为 I 型，系统的稳态精度提高。在中频段，$L(\omega)$ 的斜率不变，但由于 PI 调节器提供了负的相位角，相位裕量由原来的 88°减小为 65°，降低了系统的相对稳定性；穿越频率 ω_c 有所增大，快速性略有提高。在高频段，$L(\omega)$ 的斜率不变，对系统的抗高频干扰能力影响不大。

综上所述，比例积分校正（串联滞后校正）虽然对系统的动态性能有一定的副作用，使系统的相对稳定性变差，但它却能将使系统的稳态误差大大减小，显著改善系统的稳态性能。而稳态性能是系统在运行中长期起着作用的性能指标，往往是首先要求保证的。因此，在许多场合，宁愿牺牲一点动态性能指标的要求，也要保证系统的稳态精度，这就是比例积分校正获得广泛应用的原因。但需要注意：

（1）超前校正是利用超前网络的相角超前特性，而滞后校正则是利用滞后网络的高频幅值衰减特性。

（2）为了满足严格的稳态性能要求，当采用无源校正网络时，超前校正要求一定的附加增益，而滞后校正一般不需要附加增益。

（3）对于同一系统，采用超前校正的系统带宽大于采用滞后校正的系统带宽。从提高系统相应速度的观点来看，希望系统带宽越大越好；与此同时，带宽越大则系统越易受噪声干扰的影响，因此如果系统输入端噪声电平较高，一般不宜选用超前校正。

基于频率特性的滞后校正的步骤如下：

（1）根据给定的稳态性能的要求确定系统的开环增益。

（2）绘制未校正系统在已确定的开环增益下的伯德图，并求出其相角裕度 γ_0。

（3）令未校正系统的伯德图在希望的剪切频率 ω_c 处的增益为 $20\lg\beta$，由此确定滞后网络的 β 值。

（4）校正后系统的截止频率会减小，瞬态响应的速度要变慢；在截止频率处，滞后校正网络会产生一定的相角滞后量。为了使这个滞后角尽可能的小，理论上总希望 $G_c(s)$ 两个转折频率 $\omega_1=\dfrac{1}{\beta T}$、$\omega_2=\dfrac{1}{T}$ 比 ω_c 越小越好，但考虑物理实现上的可行性，按下列的关系式确定滞后校正网络的参数 $\dfrac{1}{T}=\dfrac{\omega_c}{2}\sim\dfrac{\omega_c}{10}$。

（5）画出校正后系统的伯德图，校验相角裕度和其他性能指标。若不满足，重新选择 T 值进行计算。

例 5-3 已知单位负反馈系统的开环传递函数为

$$G_0(s)=\frac{5}{s(s+1)(0.25s+1)}$$

要求：设计串联校正环节，使系统的相角裕度 $\gamma\geqslant45°$。

解 由题意可知，该系统未要求剪切频率指标，因此采用滞后校正最为方便。

设校正环节为

$$G_{cz}(s)=\frac{Ts+1}{\beta Ts+1}$$

由

$$\gamma=180°+\angle G_0(j\omega_c)+\angle G_{cz}(j\omega_c)\geqslant45°$$

且

$$\angle G_{cz}(j\omega_c)\approx-5°,$$

可知

$$\angle G_0(j\omega_c) \geqslant -130°$$

计算可得剪切频率 $\omega_c = 0.61$，则 $|G_0(j0.61)| = 6.918$

滞后校正网络的参数为 $\dfrac{1}{T} = \dfrac{\omega_c}{2} \sim \dfrac{\omega_c}{10}$，取 $T\omega_c = 10$，则 $T = 16.4$。

由

$$|G_0(j0.61)G_{cz}(j0.61)| = 1$$

$$|G_0(j0.61)| = 6.918$$

$$\frac{\sqrt{100\beta^2 + 1}}{\sqrt{101}} = 6.918$$

可得

$$\beta = 6.952, \quad \beta T = 114$$

即

$$G_{cz}(s) = \frac{16.4s + 1}{114s + 1}, \quad G(s) = \frac{5(16.4s + 1)}{s(114s + 1)(s + 1)(0.25s + 1)}$$

验算

$$\angle G_{cz}(j0.61) = -4.88°, \quad \angle G_0(j0.61) = -130.05°, \quad \gamma = 45.07°$$

设计达标。

5.3.3　滞后-超前校正

单纯的超前校正或滞后校正只能够改变系统的动态性能或者是静态性能。如果对于系统的动态性能和静态性能都有较高的要求，可以采用串联滞后-超前校正来进行校正。利用网络中的超前部分改善系统的动态性能，利用其滞后部分改善系统的静态性能。

滞后-超前校正装置的传递函数为

$$G_c(s) = K_c \frac{s + Z_{c1}}{s + P_{c1}} \frac{s + Z_{c2}}{s + P_{c2}}$$

图 5-14 为滞后-超前校正装置的零极点图。滞后-超前校正装置的一对零点和极点与超前校正装置的零点和极点的位置相对应，远离原点；另一对零点和极点与滞后校正装置的零点和极点位置相对应，是一对偶极子，接近原点。

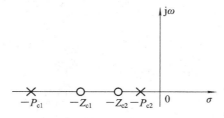

图 5-14　滞后-超前校正装置的零极点图

滞后-超前校正装置的传递函数也可以为

$$G_c(s) = \frac{(T_1s + 1)(T_2s + 1)}{(\alpha T_1s + 1)(\beta T_2s + 1)}, \quad \beta \geqslant \alpha^{-1} > 1, \ T_2 > T_1$$

其中，第一项分式 $\dfrac{T_1s + 1}{\alpha T_1s + 1}$ 是超前校正网络；第二项分式 $\dfrac{T_2s + 1}{\beta T_2s + 1}$ 是滞后校正网络。

图 5 – 15 为滞后-超前校正装置的伯德图。

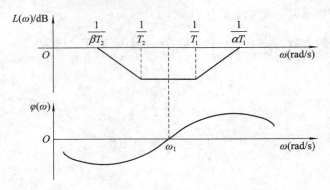

图 5 – 15 滞后-超前校正装置的伯德图

由图可见，当 $0 < \omega < \omega_1$ 时，校正网络具有滞后的相角特性；当 $\omega > \omega_1$ 时，校正网络具有超前的相角特性。所以，利用滞后-超前校正装置可以同时提高系统的动态性能和静态性能。一般在设计滞后超前校正装置时，可以将其分解为超前校正装置和滞后校正装置分别设计，步骤如下：

（1）根据要求的性能指标，确定系统的开环增益 K 的值。

（2）根据求得的 K 值，画出校正前系统的伯德图，并检验性能指标是否满足要求。

（3）确定滞后校正器的传递函数的参数 $G_{c1}(s) = \dfrac{1 + T_1 s}{1 + \beta T_1 s}$。

其中，常取 $\dfrac{1}{T_1} = 0.1\omega_{c1}$（$\omega_{c1}$ 为原系统的剪切频率）；$\beta = 8 \sim 10$。

（4）选择一个新的剪切频率 ω_{c2}，使得在这一点上超前校正器所提供的相位超前量达到系统对稳定裕度的要求，并使得该点在加上滞后校正后的总和幅频特征为 0。

（5）由公式 $20\lg\alpha = L(\omega_{c2})$，$\omega_{cnew} = \omega_m = \dfrac{1}{\sqrt{\alpha}\, T}$（其中，$\omega_{cnew}$ 为期望的剪切频率）确定超前校正部分的传递函数 $G_{c2}(s) = \dfrac{1 + T_1 s}{1 + \alpha T_1 s}$。

（6）绘制校正后系统的伯德图，并校验校正后系统的性能指标。

例 5 – 4 已知单位负反馈系统的开环传递函数为

$$G_0(s) = \frac{5}{s(s+1)(0.25s+1)}$$

设计串联校正环节，使系统的静态速度误差系数 $K_v \geq 5 s^{-1}$，相角裕度 $\gamma \geq 45°$，且剪切频率 $\omega_c \geq 2 \text{ rad/s}$。

解 由题意可得 $k = K_v = 5$

由 $\gamma = 180° + \angle G_0(j\omega_c) + \angle G_{cz}(j\omega_c) \geq 45°$ 可得 $\angle G_{cz}(j\omega_c) \approx -5°$。

经计算可得 $\omega_c = 0.61$。

（1）计算超前校正参数：

$$\angle G_0(j2) = -180°, \quad \angle G_{cz}(j2) \geq -5°, \quad \phi_m = 50°$$

$$\alpha = (1 + \sin\phi_m)/(1 - \sin\phi_m) = 7.55, \quad T = (\sqrt{\alpha}\,\omega_c)^{-1} = 0.18, \quad \alpha T = 1.4 > 1.359$$

超前校正环节 $G_{cc}(s) = \dfrac{1.4s+1}{0.18s+1}$

（2）计算滞后校正参数：

$$| G_{cc}(j2)G_0(j2) | = 2.7975, \quad T = \frac{10}{2} = 5$$

$$\frac{\sqrt{100\beta^2+1}}{\sqrt{101}} = 2.7975, \quad \beta = 2.81, \quad \beta T = 14.05$$

$$G_c(s) = \frac{(5s+1)(1.4s+1)}{(14.05s+1)(0.18s+1)}$$

$$G(s) = \frac{5(5s+1)(1.4s+1)}{s(14.05s+1)(s+1)(0.25s+1)(0.18s+1)}$$

（3）验算：

$$| G(j2) | = 0.99988; \quad \angle G_{cz}(j2) = -3.67°, \quad \angle G_{cc}(j2) = 50.55°$$

$$\omega_c = 2 \text{ rad/s}; \quad \gamma = 46.88°; \quad K_v = 5$$

设计达到指标要求。

综合校正方法将性能指标要求转化为期望开环对数幅频特性，再与待校正系统的开环对数幅频特性比较，从而确定校正装置的形式和参数。该方法适用于最小相位系统。

对数幅频特性可以分为低频段、中频段及高频段三个部分。

（1）低频段的代表参数是斜率和高度，它们反映系统的型别和增益，表明系统的稳态精度。在设计串联校正时，可以先根据对系统型别及稳态误差要求，通过性能指标中 v 及开环增益 K，绘制期望特性的低频段。

（2）中频段是指穿越频率附近的一段区域，代表参数是斜率、宽度（中频宽）、幅值穿越频率和相位裕量，它们反映系统的最大超调量和调整时间，表明系统的相对稳定性和快速性。根据对系统响应速度及阻尼程度的要求，通过截止频率 ω_c、相角裕度 γ、中频区宽度 H、中频区特性上下限交接频率 ω_2 与 ω_3 绘制期望特性的中频段，并取中频区特性的斜率为 -20d B/dec，以确保系统具有足够的相角裕度。低、中频段之间的衔接频段，其斜率一般与前、后频段相差 -20 dB/dec，否则对期望特性的性能有较大影响。

（3）高频段的代表参数是斜率，反映系统对高频干扰信号的衰减能力。根据对系统幅值裕度 $h(\text{dB})$ 及抑制高频噪声的要求，绘制期望特性的高频段斜率与待校正系统的高频段斜率一致，或完全重合。绘制期望特性的中、高频段之间的衔接频段时，其斜率一般取 -40 dB/dec。

按上述过程设计的典型期望特性是否满足给定性能指标的要求，通常需要进行性能指标验算，并对期望特性的交接频率值作必要的调整。利用期望特性方法进行串联综合法校正的设计步骤如下：

① 根据性能指标中的稳态性能要求，绘制满足稳态性能的待校正系统的对数幅频特性 $L_0(\omega)$。

② 根据性能指标中的稳态与动态性能指标，绘制对应的期望开环对数幅频特性

$$L_0(\omega) + L_c(\omega) = 20\lg (G_0 G_c)$$

$L_0(\omega)$ 低频段重合。

③ 计算得串联校正装置对数幅频特性 $L_c(\omega) = 20\lg | G_c |$。

④ 验证校正后的系统是否满足给定性能指标要求，并对期望特性的交接频率值作必要的调整。

⑤ 考虑串联校正装置$G_c(s)$的物理实现。

5.4 MATLAB 仿真实验

5.4.1 PID 仿真实验

1. PID 控制对系统响应的影响

设被控对象等效传递函数为

$$G(s) = \frac{1}{s(s+1)(s+5)}$$

按图 5-16 加入 PID 控制器后，分析控制器的参数对系统静态误差的影响。

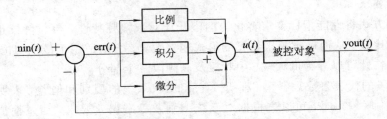

图 5-16 PID 控制系统框图

由下列程序，可以画出原系统的根轨迹，如图 5-17 所示。

```
num＝1;
den＝conv([1 1 0], [1 5]);
G0＝tf(num, den);
rlocus(G0)
axis([-5 5 -10 10])
```

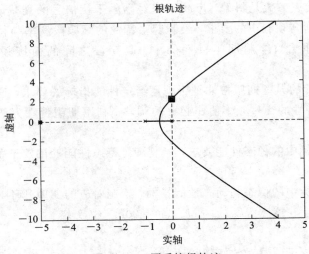

图 5-17 原系统根轨迹

当开环增益约小于 29.7 的时候，系统处于稳定状态。由图可以得原系统在临界稳定时，$K'_p = 30$，$P' = 2\pi/\omega_c = 2\pi/2.22 = 2.8$。利用等幅振荡整定法（见表 5-1），可以确定控制器对应的参数

$$K_p = 0.6K'_p = 0.6 * 30 = 18$$
$$T_i = 0.5P' = 0.5 \times 2.8 = 1.4$$
$$T_d = 0.125P' = 0.125 \times 2.8 = 0.35$$

表 5-1　等幅振荡整定法

控制器类型	等幅振荡整定
P	$K_p = 0.5K'_p$
PI	$K_p = 0.45K'_p$，$T_i = 0.833P'$
PID	$K_p = 0.6K'_p$，$T_i = 0.5P'$，$T_d = 0.125P'$

增加 PID 控制后，系统的响应发生了明显的变化。由图 5-18 可以看出，通过 PID 实施控制可以减少系统的静态误差，改善系统的稳态性能。

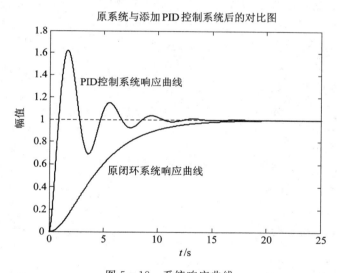

图 5-18　系统响应曲线

程序如下：

```
t=0:0.01:25;
num=1;
den=conv([1 1 0], [1 5]);
G0=tf(num, den);
step(feedback(G0, 1), t)
hold on
k0=30;
```

```
p0=2.8;
k1=0.6 * k0;
ti=0.5 * p0;
td=0.125 * p0;
s=tf('s');
Gc=k1 * (1+1/ti/s+td * s);
step(feedback(G0 * Gc,1),t)
% title('原系统与添加 PID 控制系统的对比图ɔ')
gtext('原闭环系统响应曲线')
gtext('PID 控制系统响应曲线')
```

2. PID 参数对系统响应的影响

1）分析比例控制作用

设 $T_d=0.35$，$T_i=1.4$，$K_p=0.1*30\sim1*30$，输入信号阶跃函数，分别进行仿真，则系统的阶跃响应曲线如图 5-19 所示，仿真程序如下：

```
t=0:0.01:25;
num=1;
den=conv([1 1 0],[1 5]);
G0=tf(num,den);
k0=30;
p0=2.8;
a1=0.1:0.4:1;
k1=a1 * k0;
ti=0.5 * p0;
td=0.125 * p0;
s=tf('s');
Gc=k1 * (1+1/ti/s+td * s);
G=G0. * Gc;
step(feedback(G(1),1),t)
hold on
step(feedback(G(2),1),t)
hold on
step(feedback(G(3),1),t)
axis([0 16 0 1.9])
hold off
legend('Kp=3','Kp=15','Kp=27')
text(6.5,1.4,'Kp=3')
text(4,0.65,'Kp=15')
text(4.1,1.1,'Kp=27')
```

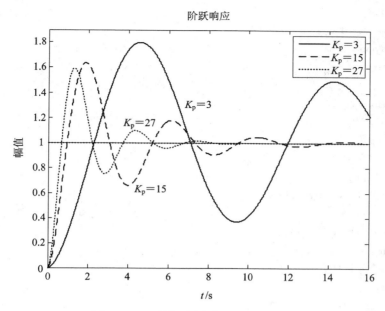

图 5-19　不同比例参数下的系统响应

图 5-19 显示的仿真结果表明：系统的超调量会随着 K_p 值的增大而加大，系统响应速度也会随 K_p 值的增大而加快，但是系统的稳定性能会随着 K_p 的增大而变差。

2）分析积分控制作用

设 $T_d = 0.35$，$T_i = 0.2 * 2.8 \sim 1 * 2.8$，$K_p = 18$，输入信号阶跃函数，分别进行仿真，得到响应曲线如图 5-20 所示。仿真结果表明，系统的超调量会随着 T_i 值的加大而减小，系统响应速度随着 T_i 值的加大会略微变慢。

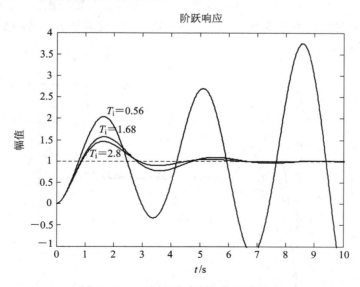

图 5-20　不同积分参数下的系统响应

程序如下：

```
t=0:0.01:25;
```

```
num=1;
den=conv([1 1 0], [1 5]);
G0=tf(num, den);
k0=30;
p0=2.8;
a1=linspace(0.2, 1, 3);
k1=0.6 * k0;
ti=a1 * p0
td=0.125 * p0;
s=tf('s');
Gc=k1 * (1+1./ti/s+td * s);
G=G0. * Gc;
step(feedback(G(1), 1), t)
hold on
step(feedback(G(2), 1), t)
hold on
step(feedback(G(3), 1), t)
axis([0 10 -1 4])
hold off
legend('Ti=0.56', 'Ti=1.68', 'Ti=2.8')
gtext('Ti=0.56')
gtext('Ti=1.68')
gtext('Ti=2.8')
```

3) 分析微分控制作用

设 $T_d = 0.1 * 2.8 \sim 1 * 2.8$，$T_i = 1.4$，$K_p = 10$，输入信号阶跃函数，分别进行仿真，得到如图 5-21 所示的阶跃响应曲线。可以发现，随着 T_d 值的加大，闭环系统的超调量增大，响应速度变慢。

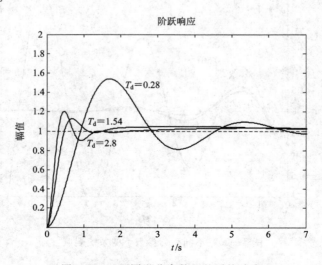

图 5-21 不同微分参数下的系统响应

程序如下：

```
k0＝30；
p0＝2.8；
a1＝linspace(0.1, 1, 3)；
k1＝0.6 * k0；
ti＝p0；
td＝a1 * p0
s＝tf('s')；
Gc＝k1 * (1＋1/ti/s＋td. * s)；
G＝G0. * Gc；
step(feedback(G(1), 1), t)
hold on
step(feedback(G(2), 1), t)
hold on
step(feedback(G(3), 1), t)
axis([0 7 0 2])
hold off
legend('Td＝0.28', 'Td＝1.54', 'Td＝2.8')
gtext('Td＝0.28')
gtext('Td＝1.54')
gtext('Td＝2.8')
```

5.4.2 串联校正仿真实验

1. 基于频率法的串联-超前校正

例 5 - 5 单位反馈系统的开环传递函数为 $G(s)=\dfrac{12}{s(s+1)}$，试确定串联校正装置的特性，使系统在斜坡函数作用下的稳态误差小于 0.1，相角裕度 $r \geqslant 45°$。

解 （1）求原系统的相角裕度，程序如下：

```
≫num0＝12；
den0＝[2, 1, 0]；
w＝0.1:1000；
[gm1, pm1, wcg1, wcp1]＝margin(num0, den0)；
[mag1, phase1]＝bode(num0, den0, w)；
[gm1, pm1, wcg1, wcp1]
margin(num0, den0)％计算系统的相角裕度和幅值裕度，并绘制出伯德图
grid；
ans ＝

        Inf    11.6548      Inf     2.4240
```

由结果可知，原系统相角裕度 $\gamma = 11.6°$，$\omega_c = 2.4 \text{rad/s}$，不满足指标要求，系统的伯德图如图 5 - 22 所示。考虑采用串联超前校正装置，以增加系统的相角裕度。

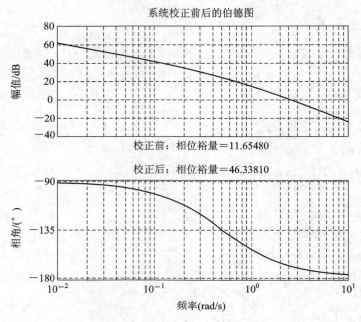

图 5 - 22　原系统的伯德图

（2）确定串联装置所需要增加的超前相位角及校正装置参数，程序如下：

```
e=5；  r=45；  r0=pm1；
phic=(r-r0+e) * pi/180；
alpha=(1+sin(phic))/(1-sin(phic))；
```

将校正装置最大超前角处的频率 ω_m 作为校正后系统的剪切频率 ω_c，则有

$$20\lg |G_c(\mathrm{j}\omega_c)G_0(\mathrm{j}\omega_c)| = 0 \Rightarrow |G_0(\mathrm{j}\omega_c)| = \frac{1}{\sqrt{\alpha}}$$

即原系统幅频特性幅值等于 $-20\lg\sqrt{\alpha}$ 时的频率，选为 ω_c。

根据 $\omega_m = \omega_c$，求出校正装置的参数 $T = \dfrac{1}{\omega_c\sqrt{\alpha}}$。

程序如下：

```
[il, ii]=min(abs(mag1-1/sqrt(alpha)))；
wc=w( ii)；   T=1/(wc * sqrt(alpha))；
numc=[alpha * T, 1]；
denc=[T, 1]；
[num, den]=series(num0, den0, numc, denc)；   %原系统与校正装置串联
[gm, pm, wcg, wcp]=margin(num, den)；          %返回系统新的相角裕度和幅值裕度
printsys(numc, denc)                           %显示校正装置的传递函数
disp('校正之后的系统开环传递函数为：')；
printsys(num, den)                             %显示系统新的传递函数
[mag2, phase2]=bode(numc, denc, w)；           %计算指定频率内校正装置的相角范围和幅值范围
```

[mag, phase]=bode(num, den, w);　　　%计算指定频率内系统新的相角范围和幅值范围
subplot(2, 1, 1);
semilogx(w, 20 * log10(mag), w, 20 * log10(mag1), '－－', w, 20 * log10(mag2), '－.');
grid;
ylabel('幅值(db)');
title('－－Go, －Gc, GoGc');
subplot(2, 1, 2);
semilogx(w, phase, w, phase1, '－－', w, phase2, '－', w, (w－180－w), ':');
grid;
ylabel('相位(°)');
xlabel('频率(rad/sec)');
title(['校正前：幅值裕量＝', num2str(20 * log10(gm1)), 'dB', '相位裕量＝',
    num2str(pm1), '°';
'校正后：幅值裕量＝', num2str(20 * log10(gm)), 'dB', '相位裕量＝', num2str(pm), '°']);

程序运行后，结果如图 5-23，图 5-24 所示。

num/den＝

0.50392 s＋1

......

0.11805 s＋1

校正之后的系统开环传递函数为：

num/den＝

6.0471 s＋12

......

0.2361 s^3＋2.1181 s^2＋　s

图 5-23　校正前后的传递函数

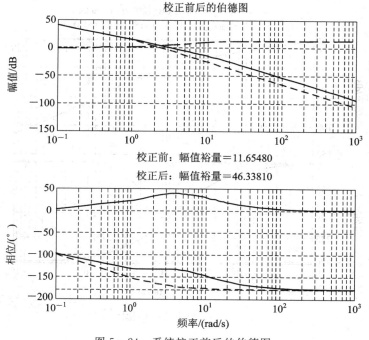

图 5-24　系统校正前后的伯德图

2. 基于频率法的串联-滞后校正

滞后校正装置将给系统带来滞后相角。引入滞后装置的真正目的不是为了提供一个滞后相角，而是要使系统增益适当衰减，以便提高系统的稳态精度。滞后校正设计主要利用它的高频衰减作用，降低系统的截止频率，以便使系统获得充分的相位裕量。

例 5-6 单位反馈系统的开环传递函数为 $G(s)=\dfrac{K}{s(0.1s+1)(0.2s+1)}$，试确定串联校正装置的特性，使校正后系统的静态速度误差系数等于 30/s，相角裕度 $\gamma=40°$，幅值裕量不小于 10 dB，截止频率不小于 2.3 rad/s。

解 根据系统静态精度的要求，选择开环增益

$$K_v=\mathop{\mathrm{Lim}}\limits_{s\to 0}sG(s)=\mathop{\mathrm{Lim}}\limits_{s\to 0}s\times\frac{K}{s(0.1s+1)(0.2s+1)}=30\Rightarrow K=30$$

利用 MATLAB 绘制原系统的伯德图和相应的稳定裕度，程序如下：

```
》num0=30；  den0=conv([1, 0], conv([0.1, 1], [0.2, 1]))；w=logspace(-1, 1.2)；
[gm1, pm1, wcg1, wcp1]=margin(num0, den0)；
[mag1, phase1]=bode(num0, den0, w)；
[gm1, pm1, wcg1, wcp1]
margin(num0, den0)
grid；
ans =
      0.5000   -17.2390   7.0711   9.7714
```

由结果可知原系统不稳定，且截止频率远大于要求值。系统的伯德图如图 5-25 所示，考虑采用串联超前校正无法满足要求，故选用滞后校正装置。

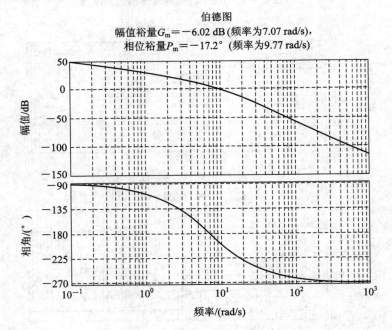

图 5-25 原系统的伯德图

　　根据对相位裕量的要求，选择相角为 $\varphi=-180°+\gamma+\varepsilon(\varepsilon=5°\sim10°,\gamma=40°)$ 处的频率作为校正后系统的截止频率 ω_c，确定原系统在新 ω_c 处的幅值衰减到 0 dB 时所需的衰减量为 $-20\lg\beta$，一般取校正装置的转折频率分别为 $\dfrac{1}{T}=(\dfrac{1}{5}\sim\dfrac{1}{10})\omega_c$ 和 $\dfrac{1}{\beta T}$。

　　程序如下：

```
e=10;
r=40;
r0=pm1;
phi=(-180+r+e);
[il,ii]=min(abs(phase1-phi));
wc=w(ii);
beit=mag1(ii);
T=10/wc;
numc=[T,1];
denc=[beit*T,1];
[num,den]=series(num0,den0,numc,denc);       %原系统与校正装置串联
[gm,pm,wcg,wcp]=margin(num,den);              %返回系统新的相角裕度和幅值裕度
printsys(numc,denc)                           %显示校正装置的传递函数
disp('校正之后的系统开环传递函数为:');
printsys(num,den)                             %显示系统新的传递函数
[mag2,phase2]=bode(numc,denc,w);  %计算指定频率内校正装置的相角范围和幅值范围
[mag,phase]=bode(num,den,w);       %计算指定频率内系统新的相角范围和幅值范围
subplot(2,1,1);
semilogx(w,20*log10(mag),w,20*log10(mag1),'--',w,20*log10(mag2),'-.');
grid;
ylabel('幅值(db)');
title('--Go,-Gc,GoGc');
subplot(2,1,2);
semilogx(w,phase,w,phase1,'--',w,phase2,'-',w,(w-180-w),':');
grid;
ylabel('相位(°)');xlabel('频率(rad/sec)');
title(['校正前:幅值裕量=',num2str(20*log10(gm1)),'dB','相位裕量=',
    num2str(pm1),'°';
'校正后:幅值裕量=',num2str(20*log10(gm)),'dB','相位裕量=',num2str(pm),'°']);
```

程序运行后，结果如图 5－26、图 5－27 所示。

```
num/den=
    4.0566 s+1
    ……
    42.9922 s+1
校正之后的系统开环传递函数为:
num/den=
           121.6983 s+3C
    ……
0.85984 s^4+12.9177 s^3+43.2922 s^2+    s
```

图 5－26　校正前后的传递函数

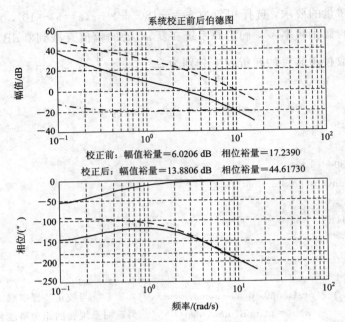

图 5 - 27　系统校正前后的伯德图

3. 基于频率法的串联滞后-超前校正

滞后-超前校正装置综合了超前校正和滞后校正的优点，可改善系统的性能。

例 5 - 7　单位反馈系统的开环传递函数为 $G(s) = \dfrac{K}{s(s+1)(0.4s+1)}$，若要求相角裕度 $\gamma = 45°$，幅值裕量大于 10 dB，$K_v = 10(1/s)$，试确定串联校正装置的特性。

解　根据系统静态精度的要求，选择开环增益

$$K_v = \underset{s \to 0}{\mathrm{Lim}} sG(s) = K = 10$$

利用 MATLAB 绘制原系统的伯德图和相应的稳定裕度，如图 5 - 28 所示。

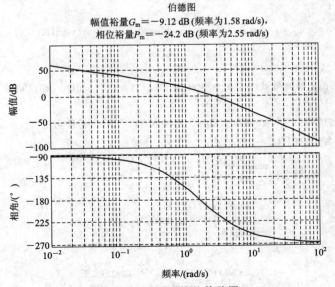

图 5 - 28　原系统的伯德图

程序如下：

```
≫num0＝10；
den0＝conv([1, 0], conv([1, 1], [0.4, 1]));
w＝logspace(-1, 1.2);
[gm1, pm1, wcg1, wcp1]＝margin(num0, den0);
[mag1, phase1]＝bode(num0, den0, w);
[gm1, pm1, wcg1, wcp1]
margin(num0, den0)
grid;
ans ＝
0.3500   -24.1918   1.5811   2.5520
```

由结果可以看出，单级超前装置难以满足要求，故设计一个串联滞后-超前装置。

选择原系统-180°的频率为新的截止频率 ω_c，则可以确定滞后部分的 T_2 和 β。由 $\frac{1}{T_2}=\frac{1}{10}\omega_c$ 可得 $T_2=\frac{1}{0.1\omega_c}$，$\beta=10$。由原系统可知 $\omega_c=1.58$ rad/s，此时的幅值为 9.12 dB。

根据校正后系统在新的幅值交接频率处的幅值必须为 0 dB，确定超前校正部分的 T_1。在原系统(ω_c, $-20\lg G_0(j\omega_c)$)，即(1.58, -9.12)处画一条斜率为 20 dB/dec 的直线，此直线与 0 dB 线及-20 dB 线的交点分别为超前校正部分的两个转折频率。

程序如下：

```
wc＝1.58；   beit＝10；   T2＝10/wc；
lw＝20 * log10(w/1.58)-9.12；
[il, ii]＝min(abs(lw+20));    w1＝w(ii)；
numc1＝[1/w1, 1];denc1＝[1/(beit * w1), 1];
numc2＝[ T2, 1];denc2＝[ beit * T2, 1];
[numc, denc]＝series(numc1, denc1, numc2, denc2);
[num, den]＝series(num0, den0, numc, denc);
printsys(numc, denc)
disp('校正之后的系统开环传递函数为：');
printsys(num, den) ;
[mag2, phase2]＝bode(numc, denc, w);
[mag, phase]＝bode(num, den, w);
[gm, pm, wcg, wcp]＝margin(num, den);
subplot(2, 1, 1);
semilogx(w, 20 * log10(mag), w, 20 * log10(mag1), '--', w, 20 * log10(mag2), '-.');
grid;
ylabel('幅值(dB)');    title('--Go, -Gc, GoGc');
subplot(2, 1, 2);
semilogx(w, phase, w, phase1, '--', w, phase2, '-', w, (w-180-w), ':');
grid;
ylabel('相位(°)'); xlabel('频率(rad/sec)');
title(['校正后：幅值裕量＝', num2str(20 * log10(gm)), 'dB', '相位裕量＝',
    num2str(pm), '°']);
```

程序运行后，结果如图 5-29、图 5-30 所示。

num/den＝

13.4237 s^2+8.4501 s+1

......

13.4237 s^2+63.5032 s+1

校正之后的系统开环传递函数为：

num/den＝

134.2374 s^2+84.5006 s+10

......

5.3695 s^5+44.1945 s^4+102.7283 s^3+64.9032 s^2＋ s

图 5－29　系统校正前后的传递函数

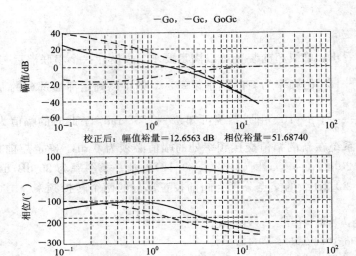

图 5－30　系统校正前后的伯德图

单 元 小 结

（1）在控制系统的结构和参数确定的情况下，按照对系统提出的性能指标，设计计算附加的校正装置和元件，使系统能达到要求。设计和计算这些装置的过程就称为系统校正。而进行校正所采用的元件或装置，称为校正装置和校正元件。

（2）系统校正分为串联校正、反馈校正及复合校正。

（3）PID 控制规律对系统性能的影响如下：

① 比例（P）调节成分使得输出响应快，有利于稳定；

② 积分（I）调节成分可以消除静差，改善准确性，但却破坏了动态指标；

③ 微分（D）调节成分可减小超调，缩短调节时间，改善动态性能。

（4）各种串联校正的比较：

① 超前校正具有相位超前特性，通常用于增大稳定裕度，增大幅值穿越频率，具有快速响应的特性。但需要有一个附加的增益增量，以补偿超前校正网络本身的衰减。

② 滞后校正涌过高频衰减特性获得校正效果，使得高频噪声衰减，对低频段增益影响不大。

③ 滞后-超前校正可以使低频增益增大（改善系统的稳态性能），也可增大系统的带宽和稳定裕度。

1. 什么是系统校正？系统校正有哪些分类？画出相应的系统框图。

2. 当系统的动态性能不足时，通常选择什么形式的串联校正网络？当系统的静态性能不足时，通常选择什么形式的串联校正网络？

3. 采用频率特性法实现控制系统的动静态校正，静态校正的理论依据是什么？动态校正的理论依据是什么？

4. 已知单位负反馈系统的开环传递函数为 $G_0(s) = \dfrac{k}{s(s+1)}$，设计串联超前校正环节，使系统满足：

（1）相角裕度 $\gamma \geqslant 45°$；

（2）响应单位速度输入的稳态误差 $e_{ss} < 1/15$；

（3）剪切频率 $\omega_c \geqslant 7.5 \ \text{rad/s}$。

5. 已知三个单位负反馈系统的开环传递函数 $G_0(s)$ 和串联校正环节 $G_c(s)$ 分别如图 5-31 所示，求：

（1）各校正系统的开环传递函数；

（2）分析各系统校正环节对系统的作用及其优缺点。

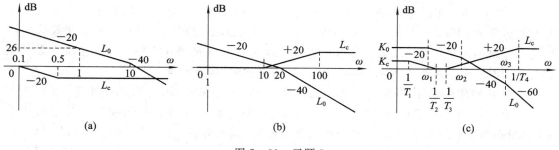

图 5-31　习题 5

单元六 典型自动控制系统

我们的生活离不开衣食住行。本单元在系统介绍智能建筑基本概念的基础上，论述了建筑设备自动化的技术基础、建筑设备自动化系统的原理、功能及建筑设备自动化系统的集成等内容，主要包括智能建筑的基础知识、暖通空调设备自动化系统和其他共用建筑设备自动化。

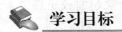 **学习目标**

（1）了解智能建筑的基本概念，掌握智能建筑的组成及系统功能。
（2）了解智能家居的定义及其中典型的控制系统。
（3）了解分布式控制的概念，了解智能控制的相关技术与应用。

6.1 智能建筑

6.1.1 智能建筑的产生

衣食住行是人们永恒的话题。随着社会的进步和经济的发展，人们对于"住"的需求和期望也在不断提升，这种提升不只体现在对建筑的面积、建筑物独特的外形、建筑周围的环境、建筑的质量这些方面，而且越来越多地体现在对建筑居住使用的品质上面。为了提高居住品质，融合了自动控制等多项技术的"智能建筑"应运而生。

智能建筑的概念在 20 世纪末诞生于美国。1957 年，在美国从事技术、管理、文职等办公室工作的白领人员首次超过蓝领人员。1974 年到 1984 年，美国办公室工作效率增加了4％，而同期工业增加了 100％，农业增加了 200％，同时办公费用以 15％速度递增。另一方面，随着白领阶层的增加，人们对办公环境的好坏也愈加重视。依赖于大量享有高薪的办公人员提供服务而运行的经济，无法承受办公费用高涨而效率低的状态。第一幢智能大厦于 1984 年在美国哈特福德市（Hartford）建成，被命名为"都市办公大楼"。该大楼用最先进的技术来控制电力、照明、空调、防火、防盗、运输设备以及通信和办公自动化。除了有舒适、安全的办公条件外，还具有高效、经济的特点，这就是公认的世界上第一幢"智能大厦"。

日本于 1985 年 8 月在东京青山建成"青山大楼"，该大楼具有良好的综合功能，除了舒适、安全、高效、经济外，还方便、节能，使"智能建筑"又得到了进一步发展。

中国的智能建筑于 20 世纪 90 年代才起步，但迅猛的发展势头令世人瞩目。我国智能建筑专家、清华大学张瑞武教授在 1997 年 6 月厦门市建委主办的"首届智能建筑研讨会"上，提出了以下比较完整的定义：智能建筑是指利用系统集成方法，将智能型计算机技术、通信技术、控制技术、多媒体技术和现代建筑艺术有机结合，通过对设备的自动监控、对信息资源的管理、对使用者的信息服务及其建筑环境的优化组合，所获得的投资合理、适合信息技术需要并且具有安全、高效、舒适、便利和灵活特点的现代化建筑物。这是目前我国智能化研究理论界所公认的最权威的定义。

6.1.2　智能建筑的意义

智能建筑是信息时代的必然产物，建筑物智能化程度随科学技术的发展而逐步提高。当今世界科学技术发展的主要标志是 4C 技术，即 Computer(计算机)技术、Control(控制)技术、Communication(通信)技术、CRT(图形显示)技术。将 4C 技术综合应用于建筑物之中，在建筑物内建立一个计算机综合网络，可以使建筑物"智能化"。与传统建筑相比，智能建筑除了具有传统建筑物的全部功能外，还具有某种"拟人智能"的特性及功能，主要表现在：

(1) 具有感知、处理、传递所需信号或信息的能力；

(2) 对收集的信息具有综合分析、判断和决策的能力；

(3) 具有发出指令并提供动作响应的能力。

综上，智能建筑是以建筑物为平台，基于对各类智能化信息的综合应用，集架构、系统、应用、管理及优化组合为一体，具有感知、传输、记忆、推理、判断和决策的综合智慧能力，形成以人、建筑、环境互为协调的整合体，为人们提供安全、高效、便利及可持续发展功能环境的建筑。

6.2　楼宇自动化系统

6.2.1　楼宇自控系统的定义

建筑智能化结构由三大系统组成：楼宇自动化系统(Building Automation System，BAS)、办公自动化系统(Office Automation System，OAS)和通信自动化系统(Communication Automation System，CAS)，如图 6-1 所示。通信自动化系统负责电子邮件等办公材料的传送和交换，办公自动化系统负责文书和信息的处理，楼宇自动化系统负责整个大楼的安全、节能等方面的管理。三个系统各司其职，使得建筑变得更有弹性，提高舒适性和使用寿命。

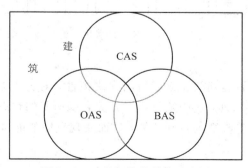

图 6-1　建筑智能化结构示意图

当前，能源短缺问题已经成为全社会、全世界关注的重要问题。楼宇自动化系统在智能建筑中得到了广泛的应用，有着很好的节能效果。智能建筑往往从楼宇自动化控制系统开始。楼宇自动化控制系统主要是由计算机网络技术、自控以及建筑结合而生成的。智能建筑内部有大量的电气设备，如环境舒适所需要的空调设备、照明设备及给排水系统的设备等。这些设备往往多而散，多，即数量多，被控制、监视、测量的对象多，多达上百到上万点；散，即这些设备分散在各层和角落。如果采用分散管理，就地控制，监视和测量之巨难以想象。为了合理利用设备，节省能源，节省人力，确保设备的安全运行，自然提出了如何加强设备的管理问题。所以，楼宇自动化系统也叫建筑设备自动化系统。

6.2.2　楼宇自控系统的构成

楼宇自动化系统(BAS)对整个建筑的所有公用机电设备，包括建筑的中央空调系统、给排水系统、供配电系统、照明系统、电梯系统进行集中监测和遥控，来提高建筑的管理水平，降低设备故障率，减少维护及营运成本。不同的建筑物有不同的 BAS 系统，但大体上都会包括若干的子系统。

1. BAS 的构成

楼宇自动化系统(BAS)通常包括暖通空调、给排水、供配电、照明、电梯、消防、安全防范等子系统，对各个机电设备的运行状态进行实时自动化的监控，同时也可以显示并检测建筑机电设备的数据情况和发展趋势。如图 6-2 所示。

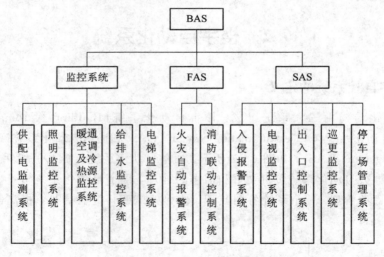

图 6-2　楼宇自动化系统

1) 供配电检测系统

安全、可靠的供电是智能建筑正常运行的先决条件。对电力系统除应具有继电保护与备用电源自投入等功能要求外，还必须具备对开关和变压器的状态、系统的电流、电压、有功功率与无功功率、电能等参数的自动监测，进而实现全面的能量管理。

2) 照明系统

照明系统能耗很大，在大型高层建筑中往往仅次于供热、通风与空调系统，并导致冷气负荷的增加。智能照明控制应十分重视节能。

　　3）暖通空调与冷热源系统

　　暖通空调系统在建筑物中的能耗最大，故在保证提供舒适环境的条件下，应尽量降低能耗。暖通空调与冷热源系统的设备监控是 BAS 的重点内容。

　　4）给排水系统

　　清洁、卫生的水源和畅通的排水系统是人们生活的必要条件。实现智能建筑给水设备的可靠、节能运行具有积极的意义。

　　5）电梯系统

　　7 层及以上住宅楼、高层建筑（10 层及以上）均需配备电梯，大多数为电梯群组，需要利用计算机实现群控，以达到优化传送、控制平均设备使用率和节约能源等目的。电梯楼层的状况、电气参数等亦需监测，并连网实现优化管理。

　　根据中国行业标准，BAS 又可分为设备运行管理与监控子系统和消防与安全防范子系统。一般情况下，这两个子系统宜一同纳入 BAS 考虑，如将消防与安全防范子系统独立设置，也应与 BAS 监控中心建立通信联系以便灾情发生时，能够按照约定实现操作权转移，进行一体化的协调控制。

　　2. BAS 的功能

　　BAS 的基本功能可以归纳如下：

　　（1）自动监视并控制各种机电设备的启、停，显示或打印当前运转状态。

　　（2）自动检测、显示、打印各种机电设备的运行参数及其变化趋势或历史数据。

　　（3）根据外界条件、环境因素、负载变化情况自动调节各种设备，使之始终运行于最佳状态。

　　（4）监测并及时处理各种意外、突发事件。

　　（5）坚持及迅速处理突发事件；对建筑内设备进行统一控制和管理，自动化管理水电气等能源。

　　（6）能源管理：对水、电、气等的计量收费，实现能源管理自动化。

　　（7）设备管理：包括设备档案、设备运行报表和设备维修管理等。

　　3. BAS 的控制方式

　　BAS 的基本控制方式有开环控制和闭环控制两种。

　　（1）开环控制。开环控制是一种预定程序的控制方法，它根据预先确定的控制步骤一步一步地实施控制，而被控过程的状态并不直接影响控制程序的执行，如通风系统的启停控制等。

　　（2）闭环控制。闭环控制则要根据被控过程的状态决定控制的内容和实施控制的时机，控制用计算机需要不断检测被控过程的实时状态（参数），并根据这些状态及控制算法得出控制输出，对被控过程实施控制，如空调系统的温湿度自动调节等。

6.2.3　楼宇自控系统在节能中的应用

　　楼宇自控系统可以管控智能建筑楼宇内的照明、空调以及运输项目，重点规范照明系统和空调系统的能源分配，有效控制能源消耗，实现节能降耗，避免浪费资源的现象发生，促进我国经济的可持续发展。

1. 在照明系统节能中的应用

1）光源节能

目前，LED灯已得到了广泛的应用。相比于传统的电灯，LED节能灯的电能消耗比较少，有些甚至能够节能80%。近些年来，建筑行业认识到节能减排的重要性，逐渐重视对光源的节能。在智能建筑中，楼宇自控系统大量使用节能灯，大大减少了能源消耗。

2）灯光节能

灯光节能主要体现在以下两方面：首先，将智能建筑中的公共区域的手控灯替换为自动控制灯，对自动控制灯进行定时设计，明确电灯的使用时间。如果有用户进入到照明范围内，就会因声音感应而开启灯源，设定时间达到后自动关闭，实现灯光的有效利用。

其次，将灯光与户外光相结合，如果户外的灯光能够满足用户需要，就不需要使用灯光。但是户外灯光会受到季节、天气、周边建筑物等因素的影响，因此不能准确地设定灯光的时间和亮度。对于不同区域中的灯光作业，应利用智能化的灯光控制系统进行控制，结合户外光的变化进行科学的调整。在设计智能灯光系统的供电回路时，需要根据实际照明情况确定，挑选合适的灯具，并安装灯光传感器，使不同区域的灯光信号自动输入到楼宇自控系统中，科学明确信号。

目前，楼宇自控灯光节能主要应用在规模比较大的建筑物中，家居建筑中比较不适合。在规模比较大的建筑物中，一般是将自控与手控系统相结合，集中控制所有光源如图6-3所示为一个大桥照明系统的效果照片。

图6-3 大桥照明系统

2. 在空调系统中的应用

良好的能源供给方式可以达到节能降耗的目的。例如空调，根据地区的不同和使用功能的不同，在不同的区域可对不同的空调系统进行不同的设计与管理，以降低空调的运行成本，达到节能降耗的目的。另外，对于不同区域的系统运行状况要做好详细的记录和使用效果的分析，实现建筑物的统一管理。

空调系统节能中的应用包括如下内容：

1）调整新风系统

调整新风系统就是明确室内外空气的焓值变化情况，对空调的工作情况进行科学的调整。如果楼层面积不出现变化，室外空气焓值比室内大，利用新风系统就能够通过能耗比较低的形式将新风输入到室内；如果是室外空气焓值比室内小，新风系统就会正常运行，将新风输入到室内。楼宇自控系统利用这种针对性的调控，能够提高人们使用空调的舒适度，减少能源消耗。

控制新风风阀的开度以及与新风风阀联锁控制回风风阀的开度，在过渡季节尽可能多地利用新风焓值，空调季节在保证满足空调空间新风量需求的前提下，最大限度地利用室内焓值，以达到充分节能的目的。

2）变风量控制

利用变风量系统的中央空调能够减少近 4 成的能耗，并且只有冷热负荷达到最大值时才会使用最大的风量，因次能够有效地减少能源消耗。变风量控制系统的构成部分主要有变频调节电机的空调机组以及可调控变风量的风阀尾端装置，能够对风机的启动、停止进行监控，了解风机的运行情况，并根据室内温度的具体情况对新回风门的大小和水阀开度进行调整，从而有效控制室内温度，保证室温达到稳定的状态。

3）机组定时控制

对于智能建筑工程来说，需要根据日常应用的实际情况，结合事先安排的工作与节假日时间表，设定机组自动启停时间，既可以满足功能需求，又可以降低运行损耗。

4）采用 PLC 编程控制系统

采用 PLC 编程控制，使空调能够根据楼宇内的环境自动调节变风量和温度，实现室温控制空调的方式。空调机组中安装传感器，夜间会降低或停止空调运行，降低了空调设备的能源消耗，体现了自动化控制在设备管理系统中的优势，不仅具有管控的作用，还起到节能降耗的作用。

自动控制系统除了应用在空调设备上，还可应用到通风排水、电器运行、电机等设备中，完善了智能楼宇的设备运行。

6.3 智能家居

6.3.1 智能家居的定义

智能家居概念的起源甚早。最早引起人们对智能家居的注意的可能是比尔·盖茨当初耗资 5.3 亿美元建立的智能化豪宅。比尔·盖茨在他的《The Load Ahead》一书中以很大篇幅描绘在华盛顿湖建造的私人豪宅："由硅片和软件建成的"、"采纳不断变化的尖端技术"。历经 7 年的建设，1997 年这座智能豪宅终于建成。它完全按照智能住宅的概念建造，不仅具备高速上网的专线，所有的门窗、灯具、电器都能够通过计算机控制，而且有一个高性能的服务器作为管理整个系统的后台。连车道旁的一棵老枫树，都通过专门的监视系统给这棵树进行 24 小时的全方位监控。一旦监视系统发现它有干燥的迹象，将释放适量的水来为它解渴。智能家居控制系统举例如图 6-4 所示。

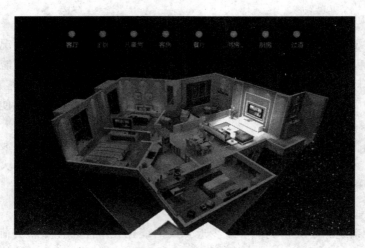

图 6－4　智能家居

美国、欧洲和东南亚等经济比较发达的国家先后提出了"智能住宅"（即智能家居，Smart Home)的概念，其目标是"将家庭中各种与信息相关的通讯设备、家用电器和家庭保安装置通过家庭总线技术连接到一个家庭智能化系统上进行集中的或异地的监视、控制和家庭事务性管理，并保持这些家庭设施与住宅环境的和谐与协调。"1988 年美国电子工业协会公布了《家庭自动化系统与通讯标准》，从此智能家居(Smart Home)频繁出现在各大媒体上，成了人们耳熟能详的词汇，智能家居的发展也由此拉开了序幕。与此含义相近的还有家庭自动化(Home Automation)、数字家园(Digital Family)、网络家居(Network Home)、智能建筑(Intelligent Bullding)。

智能家居是以普通住宅为平台，兼备建筑、网络通讯、信息家电、设备自动化，集系统、结构、服务、管理为一体的高效、舒适、安全、便利、环保的居住环境，通常是利用电脑、网络和综合布线技术，通过家庭信息管理平台将与家居生活有关的各种子系统有机地结合起来的一个系统。在家庭网络操作系统的控制下，通过相应的硬件和执行机构，打造出人性化的家居空间。与普通家居相比，由原来的被动静止结构转变为具有能动智能的工具，提供全方位的信息交换功能，帮助家庭与外部保持信息交流畅通。家居智能化与家居信息化和家居自动化，以及家庭的网络化等有一定的区别。在住宅中为住户提供一个宽带上网接口，家居信息化的条件即已具备，但这还达不到家居智能化；家用电器可定时工作，录像机可定时预录预定频道的电视节目，这些仅仅是家电自动化。信息化和自动化的结合是家居智能化的前提和条件，家居智能化需要对记录、判别、控制、反馈等过程进行处理，并将这些过程在一个平台实现集成，能按人们的需求实现远程自动控制。

科技进步应该服务大众，引导生活，改变生活。实用、易用、能给人们生活带来极大方便的产品会有广阔的市场空间。智能家居是科技以服务为本、影响生活、改变生活、创造新的生活方式的最直观体现，只有更加贴近实用、易用和人性化，才能真正提高人们的生活品质，才能真正体现智能家居的价值，这也是现代科技价值的核心所在。

6.3.2　中国的智能家居

智能家居至今在中国已经历了十多年的发展，从人们最初的梦想到如今众多的商家把这种梦想变为现实，如何建立一个高效率、低成本的智能家居系统已成为当前社会一个热点问题。

从 2000 年的首届智能家居峰会到 2017 年的第十八届中国国际建筑智能化峰会，虽然中国房产智能化道路几经周折，但是这一进程却不可阻挡地前进着。现在许多住宅小区的开发商在住宅的设计阶段就已经或多或少考虑了智能化功能的设施，少数高档的住宅小区已经配套了比较完善的智能家庭网络，并在房地产的销售广告中，已经开始将"智能化"作为一个"亮点"来宣传。对科技发展动向和市场趋势敏感的科研机构和公司，也已经洞察到这个市场的广阔前景，意识到这是一个难得的机遇，开始为研究和开发相关系统和产品进行先期的部署和规划，积极介入智能家庭网络这个全新的领域。国外以 Honeywell 为代表，国内从事这方面研究的公司有宁波一舟、海尔智能、北京兰德、深圳永华智创等。

但是，据上海市的统计数据显示：智能化系统发挥作用的仅占 20%，运行不稳定但尚可使用的占 45%，另有 35% 的系统被废弃，业主对家庭安防系统、自动抄表系统和停车场管理系统等的投诉率一直居高不下。由于场景碎片化、兼容差和操作复杂等问题仍未得到有效的解决，消费者难以深切体会到智能家居的智慧与便捷。第十八届中国国际建筑智能化峰会特设智能家居与人工智能分论坛，除了分享与展示 2017 年智能家居与人工智能的最新发展成果之外，更重要的是倡导行业应更加理性地看待现实问题。智能家居与人工智能的良性发展，关键在于回归用户本质，深耕产品、技术研发和服务。而国家政府机构及各大信息家电生产厂商不失时机地开展了中国智能家庭网络的标准化制定工作，为中国智能家居的发展提供了一个开放的标准化平台。目前智能家居产品普遍存在定位偏高的问题。如何提高性价比，切实分析用户需求，让智能家居进入寻常百姓家，还有很长的一段路要走。

6.3.3　智能家居控制器

智能家居控制器集管理自动化系统（MAS）、通信自动化系统（CAS）、安全自动防范系统（SAS）于一体，利用住户的固定电话和宽带网络来实现远程控制，采用总线系统接入自动抄表系统，通过无线方式实现监控系统的信号传输。智能家居控制器是一个可以独立运行的智能家居系统，还可与小区局域网络相连接，组成智能小区，系统结构简单，安装方便，集控制与娱乐于一体，可实现多路音视频的切换，提供图形图像信息与电视信号叠加的监控界面。

智能家居控制器主要功能如下：

（1）家庭理财：家庭水费、电费、煤气费和供热费的记录显示和传输；家庭日常支出的录入和显示；家庭月、季、年支出累计。

（2）家政服务：家庭对小区物业公司的钟点工（清洁、保姆、护理等）、医护、水电气维修、送饭、送货的预约、召唤和呼救。

（3）家庭安防：门禁（可视对讲）控制操作；家庭安防系统（红外入侵报警、窗玻璃碎报警等）预警设置和声光/远程报警。

（4）家庭电子保姆：可预设置或通过电话/网络远程遥控，实现电饭煲、微波炉、洗衣机、热水器、窗帘和灯光等家电的控制。

（5）家庭信息平台：直接收看电视节目，转接播放 VCD、DVD，完成数字电视接收、转换和高清晰电视处理播放、网络接入等。

（6）物业管理：小区发布公共信息、用户信息通告等。

6.3.4 智能家居中的自控系统举例

这里我们以智能照明系统为例说明智能家居中的自控系统。

智能照明控制系统是智能家居系统的一个子系统。随着科技的进步，人们对照明灯具的科学管理提出了更高的要求，使得照明控制在智能化领域的地位越来越重要。此外，智能照明控制系统可以不再依靠于楼宇设备自动管理系统而独立运行。它不仅可以实现开关控制和调光控制，还可以预设许多灯光场景，根据时间、场所、室内外照明度自动调整场景。

1. 需求分析

针对家居设计的要求，设立智能照明控制系统。根据家居各房间的不同功能和设计规范的要求，对其系统功能要求进行分析：

（1）在任何一个地方的终端均可控制不同地方的灯，或者是在不同地方的终端可以控制同一盏灯。

（2）开灯时，灯光由暗缓慢变亮；关灯时，灯光由亮逐渐变暗，避免亮度的突然变化刺激人眼，而且延长了灯泡的使用寿命。

（3）调节灯光的亮度，创造更为舒适、和谐、温馨的气氛。可以按住本地开关来进行光的调亮和调暗，也可以利用集中控制器或是遥控器实现一键调光。

（4）整个照明系统的灯可以实现一键全开和一键全关的功能。

（5）控制方式实现多样性。对于灯具，可以实现手动操作，不管是使用单路灯光控制器、两路调光控制器还是四路调光控制器；也可以实现红外控制，利用遥控器进行灯具的开启和调光；还可以实现场景控制，将系统输入场景模块，实现定时启动、关闭及同时启动、关闭等场景的控制。此外还能远程控制灯具的开启、关闭和亮度的调节。

2. 系统结构

智能照明控制子系统主要由灯具控制器、灯具执行器以及灯具三部分组成。

（1）灯具控制器：包括单路灯光控制器、两路调光控制器、四路调光控制器和红外控制器。

（2）灯具执行器：包括单路灯光调节器、两路调光器和四路调光器。

（3）灯具：主要选择调光灯具和市面常见的照明灯具。

3. 系统设计方案

以一间四室两厅的居室为例，根据房间功能、亮度的要求以及相关规范要求设计控制电路，以实现照明系统的集中控制、多点操作、全开全关、开关状态记忆、灯光明暗调节等功能。系统控制器的选择主要取决于灯具的种类和需要实现的功能，而执行器的选择取决于具体灯具和控制器。

对于客厅来说，在电视墙顶部安装四盏调光灯，突出家庭影院气氛。手动的控制器应该安装到沙发附近的墙上，方便控制红外接收器安装在正对沙发的墙上。卧室的安装与客厅相似，以方便为原则，每个房间安装普通的灯具，每个灯具通过单路灯光控制器来控制；

也可以通过红外线来进行控制。此外在客厅和主卧安设场景控制器，出门和睡觉时可以实现全部的灯具关闭。系统中多种控制方式可以通过多种控制器实现，例如按键式控制器、菜单式控制器、触摸屏控制器等，其中可视对讲系统的室内机同时也可作为智能家居的控制器。

- 按钮式控制器：可以通过设置达到点控、区域控制、群控、总控的目的。另外根据控制模式的不同，可设置成开关型，如单开、单关、窗帘双向开关等。该控制器可以通过组合，达到各种不同的功能，其颜色也可以根据客户的需求自行选择。

- 触摸屏控制器：可以控制整个系统的任何动作，如点控、区域控制、群控、总控、场景、调光等。执行模块则安装在标准的控制电箱中或安装在负载附近，负责执行智能控制器面板发出的指令，对灯光、窗帘、扬声器等进行控制，特殊情况可增加无线控制。与电脑连接后可以实现编程。

- 场景模块和场景控制器：该场景模块可以预设 16 个场景，场景可以在触摸屏上操作，也可以通过四场景控制器进行操作。

- 红外遥控接收器：通过手持遥控器可以实现点控、调光，或控制不同的场景。一个红外接收器可以设定 4 个场景。

- 其他信号转换控制器：如光线、风速、时间等信号转换，通过总线传输以后控制相对应的灯光、窗帘等设备。由于系统采用总线制，因此所有控制器的布线和安装非常简单方便。

6.4　分布式控制系统

1. 分布式控制系统的发展历程

分布式控制系统是生产过程监视、控制技术发展和计算机与网络技术应用的产物，但它更是在过程工业发展对新型控制系统的强烈需求下产生的，如图 6-5 所示就是一个分布式控制系统。

图 6-5　分布式控制系统

过程工业的生产组织形式大致经历了从分散到集中两个阶段。早期的过程控制系统采用分散控制方式。当时，控制装置安装在被控过程附近，而且每个控制回路都有一个单独的控制器。这些控制装置就地测量出过程变量的数值，并把它与给定值相比较而得到偏差值，然后按照一定的控制规律产生控制作用，通过执行机构去控制生产过程。运行人员分散在全厂的各处，分别管理着自己所负责的那一部分生产过程。这种分散控制方式适用于那些生产规模不太大、工艺过程不太复杂的企业。

随着被控过程的生产规模和复杂程度不断增加，单靠那些相互独立的控制回路来保持整个生产过程的安全、稳定、经济和协调运行变得越来越困难，因为这时的生产过程已经成为一个各部分相互关联的有机整体。随着生产过程的不断强化，这个有机整体中各个部分的相互作用和相互影响愈加强烈，如不能及时地协调和很好地处理各部分之间的关系，在几秒钟之内整个生产过程就可能瘫痪。因此，人们不得不探索新的控制方式——集中控制。集中控制的问题之一就是信息的远距离传输。要想在中央控制室内实现对整个生产过程的控制，就必须把反映过程变量的信号传送到中央控制室，同时还要把控制变量传送到现场的执行机构。因此，变送器、控制器和执行器是分离的，变送器和执行器安装在现场，控制器安装在中央控制室。集中控制方式的优点是运行人员在中央控制室获得整个生产过程中的有关信息，能够及时、有效地进行各部分之间的协调控制，这有利于系统的安全经济运行。

20 世纪 50 年代末，计算机开始进入过程控制领域。最初它用于生产过程的安全监视和操作指导，后来用于实现监督控制（Supervisory Computer Control，SCC），这时计算机还没有直接用来控制生产过程。到了 20 世纪 60 年代初，计算机开始用于生产过程的直接数字控制（Direct Digital Control，DDC）。由于当时的计算机造价很高，所以常常用一台计算机控制全厂所有的生产过程，这样，就造成了整个系统控制任务的集中。由于受当时硬件水平的限制，计算机的可靠性比较低，一旦计算机发生故障，全厂的生产就陷于瘫痪。因此，这种大规模集中式的直接数字控制系统的尝试基本上宣告失败。但人们从中认识到，直接数字控制系统确有许多模拟控制系统无法比拟的优点。只要解决了系统的可靠性问题，计算机用于闭环控制是大有希望的。

20 世纪 60 年代中期，控制系统工程师分析了集中控制失败的原因，提出了分布式控制系统的概念。他们设想像模拟控制系统那样，把控制功能分散在不同的计算机中完成，并且采用通信技术实现各部分之间的联系和协调。但遗憾的是，当时要实现这些设想还有许多困难，直到 20 世纪 70 年代，微处理器和固态存储器的出现，才使得这些想法付诸实践，这也就形成了集散型计算机控制系统，即集中管理、分散控制。

楼宇自动控制系统采用的是基于现代控制理论的集散型计算机控制系统，也称分布式控制系统（Distributed Control Systems，DCS）。它的特征是"集中管理分散控制"，即用分布在现场被控设备处的微型计算机控制装置（DDC）完成被控设备的实时检测和控制任务，克服了计算机集中控制带来的危险性高度集中的不足和常规仪表控制功能单一的局限性。安装于中央控制室的中央管理计算机具有 CRT 显示、打印输出、丰富的软件管理和很强的数字通信功能，能完成集中操作、显示、报警、打印与优化控制等任务，避免了常规仪表控制分散后人机联系困难、无法统一管理的缺点，保证设备在最佳状态下运行。

分布式控制系统的发展大致分为以下几个阶段：

（1）单功能系统阶段（1980—1985 年）：以闭路电视监控、停车场收费、消防监控和空调设备等子系统为代表，此阶段各种自动化控制系统的特点是"各自为政"。

（2）多功能系统阶段（1986—1990 年）：出现了综合保安系统、建筑设备自控系统、火灾报警系统和有线通信系统等，各种自动化控制系统实现了部分联动。

（3）集成系统阶段（1990—1995 年）：主要包括建筑设备综合管理系统、办公自动化系统和通信网络系统，性质类似的系统实现了整合。

（4）智能管理系统阶段（1995—2000 年）：以计算机网络为核心，实现了系统化、集成化与智能化管理，服务于建筑但性质不同的系统实现了统一管理。

（5）建筑智能化环境集成阶段（2000 年至今）：在智能建筑智能管理系统逐渐成熟的基础上，进一步研究建筑及小区、住宅的本质智能化，研究建筑技术与信息技术的集成技术，智能化建筑环境的设计思想逐渐成形。

2. 楼宇设备自动化系统的发展历程

楼宇设备自动化系统到目前为止已经历了四代产品：

· 第一代：CCMS 中央监控系统（20 世纪 70 年代产品）。

BAS 从仪表系统发展成计算机系统，采用计算机键盘和 CRT 构成中央站，打印机代替了记录仪表，散设于建筑物各处的信息采集站 DGP（连接着传感器和执行器等设备）通过总线与中央站连接在一起组成中央监控型自动化系统。DGP 分站的功能是上传现场设备信息，下达中央站的控制命令；中央计算机操纵着整个系统的工作，它采集各分站信息，作出决策，并根据采集的信息和能量计测数据完成节能控制和调节，完成全部设备的控制。

· 第二代：DCS 集散控制系统（20 世纪 80 年代产品）。

随着微处理机技术的发展和成本降低，DGP 分站安装了 CPU，发展成直接数字控制器 DDC。配有微处理机芯片的 DDC 分站可以独立完成所有控制工作，具有完善的控制、显示功能，可以连接打印机、安装人机接口等。BAS 由 4 级组成，分别是现场、分站、中央站、管理系统。集散系统的主要特点是只有中央站和分站两类接点，中央站完成监视，分站完成控制。分站完全自治，与中央站无关，保证了系统的可靠性。

· 第三代：开放式集散系统（20 世纪 90 年代产品）。

随着现场总线技术的发展，DDC 分站连接传感器、执行器的输入/输出模块，应用 LON 现场总线，从分站内部走向设备现场，形成分布式输入/输出现场网络层，从而使系统的配置更加灵活。由于 LonWorks 技术的开放性，也使分站具有了一定程度的开放规模。BAS 控制网络就形成了 3 层结构，分别是管理层（中央站）、自动化层（DDC 分站）和现场网络层（ON）。

· 第四代：网络集成系统（21 世纪产品）。

随着企业网 Intranet 的建立，建筑设备自动化系统必然采用 Web 技术，并力求在企业网中占据重要位置。BAS 中央站嵌入 Web 服务器，融合 Web 功能，以网页形式为工作模式，使 BAS 与 Intranet 成为一体系统。

网络集成系统（EDI）是采用 Web 技术的建筑设备自动化系统，它有一组包含保安系统、机电设备系统和防火系统的管理软件。

楼宇集成系统（EBI）从不同层次的需要出发提供各种完善的开放技术，实现各个层次的集成，从现场层、自动化层到管理层。EBI 系统完成了管理系统和控制系统的一体化。

目前，规模和影响较大的楼宇设备供应公司有美国霍尼韦尔公司、江森公司、KMC 公司、德国西门子公司等。

6.5　相关技术

6.5.1　智能控制与传统控制

智能控制与传统控制或常规控制有着密切的关系，不是相互排斥的。但是，两者间依然有所区别。

（1）传统的自动控制建立在确定的模型基础上，而智能控制的研究对象则存在模型的严重不确定性，即模型未知或知之甚少，模型的结构和参数在很大的范围内变动。比如工业过程的病态结构问题、某些干扰的无法预测，致使无法建立其模型，这些问题对基于模型的传统自动控制来说很难解决。

（2）传统的自动控制系统的输入或输出设备与人及外界环境的信息交换很不方便，希望制造出能接受印刷体、图形甚至手写体和口头命令等形式的信息输入装置，能够更加深入而灵活地和系统进行信息交流，同时还要扩大输出装置的能力，能够用文字、图纸、立体形象、语言等形式输出信息。另外，通常的自动装置不能接受、分析和感知各种看得见、听得着的形象、声音的组合以及外界其他的情况。为扩大信息通道，就必须给自动装置安上能够以机械方式模拟各种感觉的精确的送音器，即文字、声音、物体识别装置。可喜的是，近几年计算机及多媒体技术的迅速发展，为智能控制在这一方面的发展提供了物质上的准备，使智能控制变成了多方位立体的控制系统。

（3）传统的自动控制系统对控制任务的要求要么使输出量为定值（调节系统），要么使输出量跟随期望的运动轨迹（跟随系统），因此具有控制任务单一性的特点。而智能控制系统的控制任务可比较复杂，例如在智能机器人系统中，它要求系统对一个复杂的任务具有自动规划和决策的能力，有自动躲避障碍物运动到某一预期目标位置的能力等。对于这些具有复杂的任务要求的系统，采用智能控制的方式便可以满足。

（4）传统的控制理论对线性问题有较成熟的理论，而对高度非线性的控制对象虽然有一些非线性方法可以利用，但不尽如人意。智能控制为解决这类复杂的非线性问题找到了一个出路，成为解决这类问题行之有效的途径。工业过程智能控制系统除具有上述几个特点外，还有另外一些特点，如被控对象往往是动态的，而且控制系统在线运动，一般要求有较高的实时响应速度等。恰恰是这些特点又决定了它与其他智能控制系统如智能机器人系统、航空航天控制系统、交通运输控制系统等的区别，决定了它的控制方法以及形式的独特之处。

（5）与传统自动控制系统相比，智能控制系统具有足够的关于人的控制策略、被控对象及环境的有关知识以及运用这些知识的能力。

（6）与传统自动控制系统相比，智能控制系统有能以知识表示的非数学广义模型和以数学表示的混合控制过程，有采用开闭环控制和定性及定量控制结合的多模态控制方式。

（7）与传统自动控制系统相比，智能控制系统具有变结构特点，能总体自寻优，具有自适应、自组织、自学习和自协调能力。

（8）与传统自动控制系统相比，智能控制系统有补偿及自修复能力和判断决策能力。

总之，智能控制系统可通过智能控制器自动地完成其目标的控制过程，其智能控制器可以在熟悉或不熟悉的环境中自动地或人-机交互地完成拟人任务。

6.5.2 智能控制技术

智能控制是以控制理论、计算机科学、人工智能、运筹学等学科为基础的理论和技术，其中应用较多的有模糊逻辑、神经网络、专家系统、遗传算法等理论和自适应控制、自组织控制、自学习控制等技术。

1. 专家系统

专家控制系统是人工智能控制的一个重要分支。专家系统产生于 20 世纪 60 年代中期，在短短的 40 余年里获得了长足的进步和发展。特别是 20 世纪 80 年代中期以后，随着工程技术知识的日渐丰富和成熟，专家系统技术也获得了迅速发展。专家系统是利用专家知识对专门的或困难的问题进行描述，并依靠专家控制系统或专家控制器解决问题的控制方式，主要应用于医疗诊断、化学工程、语音识别、图像处理、金融决策、信号解释、地质勘探、石油、军事等领域中，并产生了巨大的经济效益和社会影响，同时也促进了人工智能基本理论和基本技术的研究与发展。

1983 年，著名自动控制理论专家、瑞典学者 K. J. Astrom 明确提出将专家系统技术引入自动控制领域，1986 年正式提出了专家控制系统的理论。目前，虽然专家控制技术尚无一个完善的科学理论体系，但在实际应用中，特别是对一些复杂的生产过程控制，已经取得了令人瞩目的成绩，受到了社会各方面的认可。

1）专家系统的特点

（1）启发性：专家系统要解决的问题，其结构往往是不合理的，其问题求解（problem - solving）知识不仅包括理论知识和常识，而且包括专家本人的启发知识。

（2）透明性：专家系统能够解释本身的推理过程和回答用户提出的问题，以便让用户了解推理过程，增大对专家系统的信任感。

（3）灵活性：专家系统的灵活性是指其扩展和丰富知识库的能力，以及改善非编程状态下的系统性能，即自学习能力。

（4）符号操作：与常规程序进行数据处理和数字计算不同，专家系统强调符号处理和符号操作（运算）、使用符号表示知识、用符号集合表示问题的概念。一个符号是一串程序设计，并可用于表示现实世界中的概念。

（5）不确定性推理：领域专家求解问题的方法大多数是经验性的，而经验知识一般用于表示不精确性并存在一定概率的问题。此外，所提供的有关问题的信息往往是不确定的，专家系统能够综合应用模糊和不确定的信息与知识进行推理。

2）专家系统的优点

（1）专家系统能够高效率、准确、周到、迅速和不知疲倦地进行工作。

（2）专家系统解决实际问题时不受周围环境的影响，也不可能遗漏和忘记。

（3）可以使专家的专长不受时间和空间的限制，以便推广珍贵和稀缺的专家知识与经验。

（4）专家系统能促进各领域的发展，使各领域专家的专业知识和经验得到总结和精炼，能够广泛有力地传播专家的知识、经验和能力。

（5）专家系统能汇集多领域专家的知识和经验以及他们协作解决重大问题的能力，它拥有更渊博的知识、更丰富的经验和更强的工作能力。

2. 模糊逻辑

模糊理论是在美国柏克莱加州大学电气工程系 L. A. Zadeh 教授于 1965 年创立的模糊集合理论的数学基础上发展起来的，主要包括模糊集合理论、模糊逻辑、模糊推理和模糊控制等方面的内容。

自从 L. A. Zadeh 提出模糊集合论以后，一种应用模糊集合论来建立系统数学模型、控制器的新型控制理论——模糊控制——也相应产生了。模糊控制理论的核心是利用模糊集合论，把人的控制策略的自然语言转化为计算机能够接受的算法语言所描述的算法。但它的控制输出却是确定的，它不仅能成功地实现控制，而且能模拟人的思维方式，对一些无法构成数学模型的对象进行控制。模糊逻辑用模糊语言描述系统，既可以描述应用系统的定量模型，也可以描述其定性模型。模糊逻辑可适用于任意复杂的对象控制，但在实际应用中模糊逻辑实现简单的应用控制比较容易。简单控制是指单输入单输出系统（Single Input Single Output，SISO）或多输入单输出系统（Multi Input Single Output，MISO）的控制，因为随着输入输出变量的增加，模糊逻辑的推理将变得非常复杂。

1974 年，英国的 E. H. Mamdani 首次用模糊逻辑和模糊推理实现了世界上第一个试验性的蒸汽机控制，并取得了比传统的直接数字控制算法更好的效果。它的成功宣告了模糊控制的问世。第一个有较大进展的商业化模糊控制器是在丹麦诞生的。1980 年，工程师 L. P. Holmblad 和 Lstergard 在水泥窑炉上安装了模糊控制器并取得成功。之后，模糊控制发展经历了基本模糊控制器的应用阶段、自组织模糊控制器的应用阶段和智能模糊控制器三个阶段。

现今模糊控制已应用于家电行业、各种工业自动化、冶金和化工过程控制等领域，相继出现了模糊控制器、模糊推理等专用及"模糊控制通用系统"。可以预料，随着模糊控制理论的不断完善，其应用领域将会更加广泛。

3. 神经网络

神经网络（见图 6-6）是利用大量的神经元按一定的拓扑结构和学习调整方法。它具有丰富的特性，如并行计算、分布存储、可变结构、高度容错、非线性运算、自我组织、学习

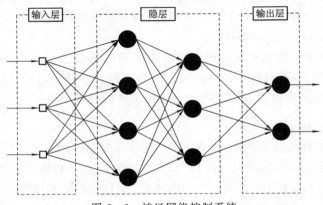

图 6-6　神经网络控制系统

或自学习等，这些特性是人们长期追求和期望的系统特性。此外，神经网络在智能控制的参数、结构或环境的自适应、自组织、自学习等控制方面具有独特的能力。神经网络可以和模糊逻辑一样适用于任意复杂对象的控制，但它与模糊逻辑不同的是擅长单输入多输出系统和多输入多输出系统的多变量控制。在用模糊逻辑表示的 SIMO 系统和 MIMO 系统中，其模糊推理、解模糊过程以及学习控制等功能常用神经网络来实现。模糊神经网络技术和神经模糊逻辑技术——模糊逻辑和神经网络——作为智能控制的主要技术已被广泛应用。两者既有相同性又有不同性，其相同性为：两者都可作为万能逼近器解决非线性问题，并且两者都可以应用到控制器设计中。不同的是：模糊逻辑可以利用语言信息描述系统，而神经网络则不行；模糊逻辑可应用到控制器设计中，其参数定义有明确的物理意义，因而可提出有效的初始参数选择方法；神经网络的初始参数（如权值等）只能随机选择。但在学习方式下，神经网络经过各种训练，其参数设置可以达到满足控制所需的行为。

模糊逻辑和神经网络都是模仿人类大脑的运行机制，可以认为神经网络技术模仿人类大脑的硬件，模糊逻辑技术模仿人类大脑的软件。根据模糊逻辑和神经网络的各自特点，所结合的技术即为模糊神经网络技术和神经模糊逻辑技术。模糊逻辑、神经网络及其混合技术适用于各种学习方式。智能控制的相关技术与控制方式结合或综合交叉结合，构成风格和功能各异的智能控制系统和智能控制器，是智能控制技术方法的一个主要特点。

智能控制系统是当今国内外自动化学科中一个十分活跃和具有挑战性的领域，又是一门新兴的交叉学科。它与人工智能、自动控制、运筹学、计算机科学、模糊数学、神经网络理论、进化论、模式识别、信息论、仿生学和认识心理学等有着密切的关系，是相关学科相互结合与渗透的产物，例如，电力系统与核电安全运行，航空航天飞行器对接，智能机器人，智能通信网络，智能化仪器仪表，家电行业等领域。

单 元 小 结

（1）智能建筑是指利用系统集成方法，将智能型计算机技术、通信技术、控制技术、多媒体技术和现代建筑艺术有机结合，通过对设备的自动监控，对信息资源的管理，对使用者的信息服务及其建筑环境的优化组合，所获得的投资合理，适合信息技术需要并且具有安全、高效、舒适、便利和灵活特点的现代化建筑物。

（2）建筑智能化结构是由三大系统组成：楼宇自动化系统（BAS）、办公自动化系统（OAS）和通信自动化系统（CAS）。楼宇自动化系统（BAS）对整个建筑的所有公用机电设备，包括建筑的中央空调系统、给排水系统、供配电系统、照明系统、电梯系统进行集中监测和遥控，来提高建筑的管理水平，降低设备故障率，减少维护及营运成本。

（3）智能家居是以普通住宅为平台，兼备建筑、网络通讯、信息家电、设备自动化，集系统、结构、服务、管理为一体的高效、舒适、安全、便利、环保的居住环境。

（4）基于现代控制理论的集散型计算机控制系统，也称分布式控制系统（Distributed Control Systems，DCS）。它的特征是"集中管理分散控制"，即用分布在现场被控设备处的微型计算机控制装置完成被控设备的实时检测和控制任务。

（5）典型的智能控制系统有专家控制系统、模糊控制系统和神经网络控制系统。

1. 什么是智能建筑？智能建筑与传统建筑相比有哪些优势？
2. 列举智能建筑中的自动控制系统。
3. 分析照明智能控制系统的组成及工作原理。
4. 什么是分布式控制？分布式控制最重要的特点是什么？
5. 分布式控制有哪些应用？请举例说明。
6. 典型的智能控制系统有哪些？

综合测验与参考答案

综合测验题

一、填空题(本题共 10 空,每空 1 分,共 10 分)

1. 在水箱水温控制系统中,被控对象为_____,被控量为_____。

2. 对自动控制系统的基本要求可以概括为三个方面,即_____、_____和准确性。

3. 方框图的基本连接方式有串联连接、并联连接、_____。

4. 二阶系统的阻尼系数 $\zeta=$_____时为最佳阻尼系数,此时系统的快速性和平稳性都较理想。

5. 若要求系统的快速性好,则闭环极点应距虚轴越_____越好。

6. 分析系统的稳态误差时,将系统分为 0 型系统、Ⅰ型系统、Ⅱ型系统……这是按开环传递函数中含有的_____环节数来进行分类的。

7. 伯德图的低频段特性完全由系统开环传递函数中积分环节数和_____决定。

8. 极坐标图上的负实轴对应于伯德图上相频特性曲线的_____线。

二、单项选择题(本题共 15 小题,每小题 2 分,共 30 分)

1. 系统的传递函数(   )。

   A. 与输入信号有关

   B. 与输出信号有关

   C. 完全由系统的结构和参数决定

   D. 既由系统的结构和参数决定,也与输入信号有关

2. 若某负反馈控制系统的开环传递函数为 $\dfrac{5}{s(s+1)}$,则该系统的闭环特征方程为(   )。

   A. $s(s+1)=0$ B. $s(s+1)+5=0$

   C. $s(s+1)+1=0$ D. 与是否为单位负反馈系统有关

3. 对于一、二阶系统来说,系统特征方程的系数都是正数是系统稳定的(   )。

   A. 充分条件   B. 必要条件   C. 充分必要条件   D. 以上都不是

4. 梅逊公式主要用来(   )。

   A. 判断稳定性   B. 计算输入误差

   C. 求系统的传递函数   D. 求系统的根轨迹

5. 关于线性系统稳定误差,正确的说法是(   )。

   A. Ⅰ型系统在跟踪斜坡输入信号时无误差

   B. 稳态误差计算的通用公式是 $e_{ss}=\lim\limits_{s\to 0}\dfrac{s^2 R(s)}{1+G(s)H(s)}$

C. 增大系统开环增益 K 可以减小稳态误差

D. 增加积分环节可以消除稳态误差，而且不会影响系统稳定性

6. 单位负反馈系统的开环传递函数 $G(s)H(s)=\dfrac{K(s+z_1)}{(s+p_1)(s+p_2)}$，其中 $p_2>z_1>p_1>0$，则实轴上的根轨迹为（　　）。

    A. $(-\infty,-p_2]\cup[-z_1,-p_1]$ B. $(-\infty,p_2]$

    C. $[-p_1,+\infty)$ D. $[-z_1,-p_1]$

7. 二阶欠阻尼系统动态性能指标中只与阻尼比有关的是（　　）。

    A. 峰值时间   B. 上升时间

    C. 调整时间   D. 最大百分比超调量

8. 某环节的传递函数为 $\dfrac{1}{Ts+1}$，则该环节为（　　）。

    A. 惯性环节   B. 积分环节   C. 微分环节   D. 比例环节

9. 以下系统中，属于最小相位系统的是（　　）。

    A. $G(s)=\dfrac{1}{1-0.01s}$ B. $G(s)=\dfrac{1}{1+0.01s}$

    C. $G(s)=\dfrac{1}{0.01s-1}$ D. $G(s)=\dfrac{1}{s(1-0.1s)}$

10. 若系统的开环传递函数为 $\dfrac{10}{s(5s+2)}$，则它的开环增益为（　　）。

    A. 1   B. 2   C. 5   D. 10

11. 二阶系统的传递函数 $G(s)=\dfrac{5}{s^2+2s+5}$，则该系统是（　　）。

    A. 临界阻尼系统   B. 欠阻尼系统

    C. 过阻尼系统   D. 零阻尼系统

12. 若某最小相位系统的相角裕量 $\gamma>0°$，则下列说法正确的是（　　）。

    A. 系统不稳定   B. 只有当幅值裕量 $k_s>1$ 时才稳定

    C. 系统稳定   D. 不能用相角裕量判断系统的稳定性

13. 进行串联超前校正后，校正前的穿越频率 ω_c 与校正后的穿越频率 ω_c' 的关系，通常是（　　）。

    A. $\omega_c=\omega_c'$ B. $\omega_c>\omega_c'$ C. $\omega_c<\omega_c'$ D. ω_c 与 ω_c' 无关

14. 关于奈氏判据及其辅助函数 $F(s)=1+G(s)H(s)$，错误的说法是（　　）。

    A. $F(s)$ 的零点就是开环传递函数的极点

    B. $F(s)$ 的极点就是开环传递函数的极点

    C. $F(s)$ 的零点数与极点数相同

    D. $F(s)$ 的零点就是闭环传递函数的极点

15. 已知超前校正装置的传递函数为 $G_c(s)=\dfrac{2s+1}{0.32s+1}$，其最大超前角所对应的频率 ω_m 为（　　）。

    A. 0.4   B. 1.25   C. 1   D. 2

三、判断题（本题共 10 小题，每小题 1 分，共 10 分，正确的打"√"，错误的打"×"）

1. 准确性是保证控制系统正常工作的先决条件。 （　　）

2. 表征系统的输出量最终复现输入量的程度，用稳态误差来描述。　　　　（　　）

3. 时域动态性能指标主要有上升时间、峰值时间、超调量和调节时间。　　（　　）

4. 一阶系统的阶跃响应无超调。　　　　　　　　　　　　　　　　　　　（　　）

5. 对于欠阻尼的二阶系统，若保持自然振荡角频率 ω_n 不变，阻尼比 δ 越大，则系统调节时间也就越大。　　　　　　　　　　　　　　　　　　　　　　　　　　（　　）

6. 改善二阶系统性能的措施有：误差的比例＋微分控制和输出量的速度反馈控制。（　　）

7. 幅角条件是绘制系统闭环根轨迹的充分必要条件。　　　　　　　　　　（　　）

8. 根轨迹是利用开环零极点在 s 平面上的分布，通过图解的方法求取闭环零点的位置。　　　　　　　　　　　　　　　　　　　　　　　　　　　　　　　　（　　）

9. 用频域法分析控制系统时，最常用的典型输入信号时阶跃信号。　　　　（　　）

10. 一阶惯性环节的对数频率特性的相位移 $\varphi(\omega)$ 在 0°到90°之间。　　（　　）

四、计算题（本题共 5 小题，每题 10 分，共 50 分）

1. 用结构图等效变换方法，求图 1 所示系统的传递函数 $\dfrac{C(s)}{R(s)}$。（10 分）

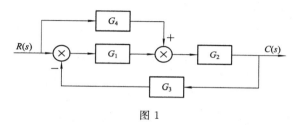

图 1

2. 已知系统特征方程为 $s^5+3s^4+12s^3+24s^2+32s+48=0$，试求系统在 s 右半平面的根的个数及虚根值。（10 分）

3. 单位负反馈控制系统的开环传递函数为 $G(s)H(s)=\dfrac{K^*}{s(s+1)(s+2)}$，试绘制该系统的概略根轨迹图（求出分离点坐标及与虚轴交点坐标）。（10 分）

4. 给定系统的开环传递函数为 $G(s)H(s)=\dfrac{K}{s^2(Ts+1)}$，试绘制该系统的极坐标图，并用奈奎斯特判据判断闭环系统的稳定性。（10 分）

5. 已知最小相位系统的开环对数幅频特性渐近线如图 2 所示，已知 $\omega_c=\sqrt{5}$。（1）求系统传递函数；（2）求输入信号为单位加速度信号 $r(t)=\dfrac{1}{2}t^2$ 时，系统的稳态误差。（10 分）

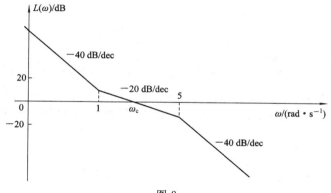

图 2

综合测验参考答案

一、填空题(本题共 10 空,每空 1 分,共 10 分)

1. 水箱　水温

2. 稳定性　快速性

3. 反馈连接

4. 0.707

5. 远

6. 积分

7. 开环增益

8. $-180°$

二、单项选择题(本题共 15 小题,每小题 2 分,共 30 分)

1~5　C B C C C

6~10　A D A B C

11~15　B C C A B

三、判断题(本题共 10 小题,每小题 1 分,共 10 分,正确的打"√",错误的打"×")

1~5　×√√√×

6~10　√√×××

四、计算题(本题共 5 小题,每题 10 分,共 50 分)

1. 过程略　　　　　　　　　　　　　　　　　　　　　　　　　　(9 分)

$$\frac{C(s)}{R(s)} = \frac{G_2(G_1 + G_4)}{1 - G_2 G_3 G_4}$$　　　　　　　　　　　　　(1 分)

2. 列劳斯表如下:

s^5	1	12	32
s^4	3	24	48
s^3	$\dfrac{3 \times 12 - 24}{3} = 4$	$\dfrac{32 \times 3 - 48}{3} = 16$	0
s^2	$\dfrac{4 \times 24 - 3 \times 16}{4} = 12$	48	
s	$\dfrac{12 \times 16 - 4 \times 48}{12} = 0$	0	
s	24	0	
s^0	48		

(6 分)

辅助方程 $12s^2 + 48 = 0$,求导可得 $24s = 0$　　　　　　　　　　(2 分)

系统没有右半平面的根。由辅助方程 $12s^2 + 48 = 0$,可解得虚根值 $s_{1,2} = \pm 2j$　　(2 分)

3.(1)开环极点为 $-p_1 = 0$,$-p_2 = -1$,$-p_3 = -2$。

(2)实轴上的根轨迹为极点 $-p_1$ 和 $-p_2$ 之间,以及 $-p_3$ 沿负实轴到无穷远处。

(3)渐近线与实轴的交点为 $F = \dfrac{0 - 1 - 2}{3} = -1$,

渐近线与实轴的夹角为 $a = \dfrac{2k+1}{3} \cdot 180° = 60°, 180°, 300°$　　　　(2 分)

（4）由

$$\frac{\mathrm{d}[G(s)H(s)]}{\mathrm{d}s}=0$$

整理得

$$3s^2+6s+2=0$$

解得 $s_1=-0.42$，舍去 $s_2=-1.58$。因为它不在根轨迹上，所以取 $s_1=-0.42$ 为分离点。 　　　　　　　　　　　　　　　　　　　　　　　（2分）

（5）系统的特征方程为 $D(s)=s(s+1)(s+2)+K^*=s^3+3s^2+2s+K^*=0$

$0<K^*<6$ 时系统稳定；$K^*\geqslant6$ 时系统不稳定。由劳斯阵列表可知 $K^*=6$ 时，s^1 行全为 0，其辅助方程是 $3s^2+6s=0$，$s=\pm\mathrm{j}\sqrt{2}$，就是根轨迹与虚轴交点。

劳斯阵列表为

$$
\begin{array}{cll}
s^3 & 1 & 2 \\
s^2 & 3 & K^* \\
s^1 & \dfrac{6-K^*}{3} & \\
s^0 & K^* &
\end{array}
$$
（2分）

该系统的概略根轨迹图如图 12 所示。

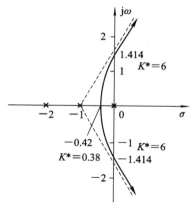

图 12　根轨迹　　　　　　　　　　（4分）

4. 开环频率特性函数 $G(\mathrm{j}\omega)H(\mathrm{j}\omega)=\dfrac{K}{-\omega^2(\mathrm{j}\omega T+1)}$

幅频特性为 $|G(\mathrm{j}\omega)H(\mathrm{j}\omega)|=\dfrac{K}{\omega^2\sqrt{(\omega T)^2+1}}$

相频特性为 $\angle G(\mathrm{j}\omega)H(\mathrm{j}\omega)=-180°-\arctan\omega T$ 　　　　（2分）
特殊点为

$$\omega=0\quad \angle G(\mathrm{j}0)H(\mathrm{j}0)=\infty\angle-180°$$
$$\omega=\infty\quad \angle G(\mathrm{j}\infty)H(\mathrm{j}\infty)=0\angle-270°$$
（2分）

系统开环传递函数在 s 右半平面没有极点，故 $p=0$，奈奎斯特曲线顺时针包围（-1，j0）点 2 周，故 $N=2$，因此 $Z=N+P=2$，有两个特征根在右半平面，所以系统闭环不稳定。系统的奈奎斯特曲线如图 13 所示。 　　　　　　　（2分）

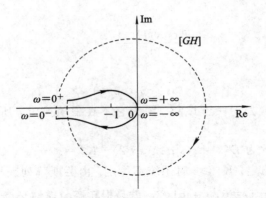

（4分）

图 13 奈奎斯特曲线

5. 设开环传递函数为 $G(s)H(s) = \dfrac{K(s+1)}{s^2(0.2s+1)}$ （3分）

$$20\lg K = -20(\lg 1 - \lg \omega_c)$$

$$K = \omega_c = \sqrt{5}$$ （3分）

因为是"Ⅱ"型系统，所以速度误差系数为

$$K_d = \sqrt{5}$$ （2分）

因而对单位加速度信号稳态误差为

$$e_{ss} = \frac{1}{K_a} = \frac{1}{K} = \frac{1}{\sqrt{5}} = 0.447$$ （2分）

部分习题参考答案

单元一

1. 自动控制系统是指由机械、电气等设备所组成的，并能按照人们所设定的控制方案，模拟人完成某项工作任务，并达到预定目标的系统。

2. 控制对象：即系统所要操纵的对象，一般指工作机构或者生产设备。给定装置：其功能是设定被控量的控制目标，常见的给定装置有电位器等。检测装置：主要由各类传感器构成，主要功能为检测被控制量。比较装置：将检测得到的反馈信号和控制量进行比较，产生偏差信号，用于控制执行装置。放大装置：偏差信号一般都比较微弱，需要进行变换放大，使它具有足够的幅值和功率，因此系统还必须具有放大装置。执行装置：该装置根据要求对控制对象执行控制任务，使被控量按控制要求的变化规律动作。校正装置：改善系统的控制性能的装置。

3.

	特征	优点	缺点	适用场合
开环控制	无反馈环节	结构简单，成本低，稳定性好	无法自动补偿扰动产生的影响	精度要求不高，扰动量影响不大或可以预先补偿的场合
闭环控制	有反馈环节	精度高，自动补偿扰动产生的影响	增加反馈环节，结构复杂，成本增加，稳定性可能变差	精度要求较高，扰动量较大且无法预计的场合

4. 定值控制系统，又称恒值控制系统，是指这类控制系统的输入量是恒定的，并且要求系统的输出量相应地保持恒定。随动控制系统，又称伺服控制系统，是一种被控变量的输入量随时间任意变化，并且要求系统的输出量能跟随输入量的变化发生变化的控制系统。

5.

图 1

单 元 二

1. 主要步骤如下所示：

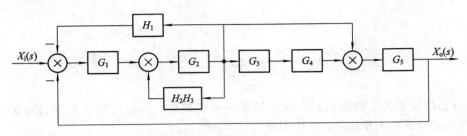

图 2

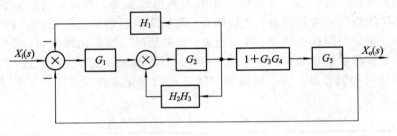

图 3

由图2、图3可得系统的传递函数为

$$G_B(s) = \frac{X_o(s)}{X_i(s)} = \frac{G_1 G_2 G_5 + G_1 G_2 G_3 G_4 G_5}{1 + G_1 G_2 H_1 + (1 + G_3 G_4)G_1 G_2 G_5 - G_2 G_3 H_2}$$

2. 主要步骤如下所示：

首先将并联和局部反馈简化如图(a)所示，再将串联简化如图(b)所示。

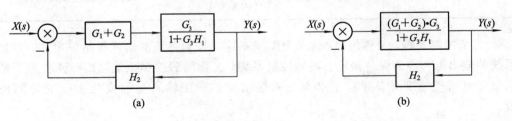

图 4

系统开环传递函数为

$$G_k(s) = \frac{(G_1 + G_2) \cdot G_2 \cdot H_2}{1 + G_3 \cdot H_1}$$

系统闭环传递函数为

$$G_B(s) = \frac{(G_1 + G_2) \cdot G_3}{1 + G_3 H_1 + (G_1 + G_2) \cdot G_3 \cdot H_2}$$

误差传递函数为

$$G_e(s) = \frac{1}{1 + G_k(s)} = \frac{1 + G_3 H_1}{1 + G_3 H_1 + (G_1 + G_2) \cdot G_3 \cdot H_2}$$

3. 主要步骤如下所示：

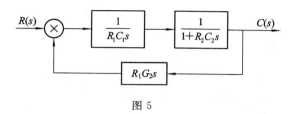

图 5

由图 5 可知 RC 网络的传递函数为

$$\frac{C(s)}{R(s)} = \frac{1}{(R_1 C_1 s + 1)(R_2 C_2 s + 1) + R_1 C_2 s}$$

4. 主要步骤如下所示：

(a) $G(s) = \dfrac{0.5K}{s^3 + 3.5 s^2 + s + 0.5K}$

(b) $G(s) = \dfrac{G_1 G_2 G_3 G_4 + G_1 G_5 + G_6(1 + G_4 H_2)}{1 + G_1 G_2 H_1 + G_1 G_2 G_3 + G_1 G_5 + G_4 H_2 + G_1 G_2 G_4 H_1 H_2}$

由式（a）、式（b）可得

$$\frac{C(s)}{R(s)} = \frac{G_1 G_2 (1 - G_3 H_1)}{1 + G_1 G_2 + G_1 H_1 - G_3 H_1}$$

单 元 三

1. （1）稳定。　（2）不稳定。　（3）稳定。

2. 系统的特征方程为

$$0.05 s^3 + 0.4 s^2 + s + K = 0$$

建立劳斯表如下：

$$
\begin{array}{ccc}
s^3 & 0.05 & 1 \\
s^2 & 0.4 & K \\
s^1 & \dfrac{0.4 - 0.05K}{0.4} & \\
s^0 & K &
\end{array}
$$

系统稳定时，要求 $0 < K < 8$。

3. 建立劳斯表如下：

$$
\begin{array}{cccc}
s^4 & 1 & 2 & 5 \\
s^3 & 2 & 4 & 0 \\
s^2 & 0 & 5 & \\
s^1 & & & \\
s^0 & & &
\end{array}
$$

劳斯表中第一列系数为零，用无穷小的正数 ε 代替 0，继续计算，可得

$$
\begin{array}{cccc}
s^4 & 1 & 2 & 5 \\
s^3 & 2 & 4 & 0 \\
s^2 & \varepsilon & 5 & \\
s^1 & \dfrac{4\varepsilon-10}{\varepsilon} & & \\
s^0 & 5 & &
\end{array}
$$

劳斯表中第一列有负数，所以系统是不稳定的。

4. 建立劳斯表如下：

$$
\begin{array}{cccc}
s^4 & 1 & 3 & 5 \\
s^3 & 2 & 4 & 0 \\
s^2 & 1 & 5 & \\
s^1 & -6 & 0 & \\
s^0 & 5 & &
\end{array}
$$

劳斯表中第一列系数有 2 次变号，所以系统是不稳定的。

5. 由题可知，特征方程为

$$D(S) = S^4 + 3.5S^3 + 3.5S^2 + S + 5$$

建立劳斯表如下：

$$
\begin{array}{cccc}
s^4 & 1 & 3.5 & 5 \\
s^3 & 3.5 & 1 & 0 \\
s^2 & 45/14 & 5 & \\
s^1 & -200/45 & & \\
s^0 & 5 & &
\end{array}
$$

劳斯表中第一列有 2 次变号，所以系统是不稳定的。

6. 由题可知，特征方程为

$$D(S) = 0.75s^4 + 4s^3 + 4.25s^2 + s + 10$$

列劳斯表

$$
\begin{array}{cccc}
s^4 & 0.75 & 4.25 & 10 \\
s^3 & 4 & 1 & \\
s^2 & 4.06 & 10 & \\
s^1 & -8.85 & & \\
s^0 & 10 & &
\end{array}
$$

劳斯表中第一列有 2 次变号，所以系统是不稳定的。

7. 由

$$G(s) = \frac{200}{s(s+20)}$$

得

$$\Phi(s) = \frac{200}{s^2 + 20s + 200}$$

因此

$$\omega_n = \sqrt{200} = 14.41$$

由

$$\xi\omega_n = 20$$

可得

$$\zeta = \frac{20}{2\omega_n} = 0.707$$

$$\sigma\% = e^{-\frac{\pi\zeta}{\sqrt{1-\zeta^2}}} = 4.3\%$$

$$t_s = \frac{3}{\zeta\omega_n} = 0.3s(\Delta = 0.05)$$

单 元 四

1.（1）开环的零极点为 $p_1 = 0$，$p_2 = -2$，$p_{3,4} = -1 \pm j$

渐近线 $n = m = 4$，$\sigma = -1$，$\varphi_\sigma = \begin{cases} \pm 45° \\ \pm 135° \end{cases}$

由于该系统的开环极点分布完全对称于 -2，所以根轨迹是直线，如图 6 所示。可以用相角条件验证，复平面直线上的点是根轨迹。该根轨迹是一个特例。

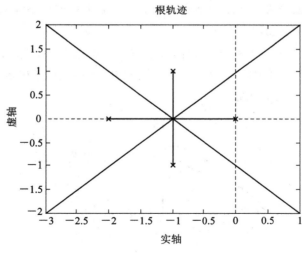

图 6

（2）开环的零极点为 $z_1 = -2$，$p_1 = 0$，$p_2 = -3$，$p_{3,4} = -1 \pm j$

渐近线 $n - m = 3$，$\sigma = -1$，$\varphi_\sigma = \begin{cases} 60° \\ 180° \\ -60° \end{cases}$

出射角 $\theta_2 = -26.6°$，实轴上无分离点，根据基本规则，可画出根轨迹如图 7 所示。

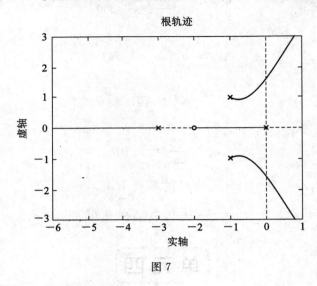

图 7

2. 与该系统对应的开环频率特性为

$$G(j\omega)H(j\omega) = \frac{(j4\omega + 1)}{-\omega^2(1 - 2\omega^2 + j3\omega)} = \frac{1 + 10\omega^2 + j\omega(1 - 8\omega^2)}{-\omega^2[(1 - 2\omega^2)^2 + 9\omega^2]}$$

该系统为最小相位系统。经分析，可以画出概略的幅相曲线如图 8 所示，幅相曲线与负实轴有交点，可令 $ImG(j\omega)H(j\omega) = 0$，得 $\omega^2 = 1/8$，$\omega = 0.354$ rad/s。此时，$ReG(j\omega)H(j\omega) = -10.67$，即幅相曲线与负实轴的交点为 $(-10.67, j0)$。

开环系统有两个极点在 s 平面的坐标原点，因此 ω 从 0 到 0^+ 时，幅相曲线应以无穷大半径顺时针补画 1/2 周，如图 8 所示。

由图可见，$G(j\omega)H(j\omega)$ 顺时针方向包围了 $(-1, j0)$ 点一周，即 $N = -1$。由于系统无开环极点位于 s 平面的右半部，故 $P = 0$，所以 $Z = P - 2N = 2$，说明系统是不稳定的，并有两个闭环极点在 s 平面的右半部。

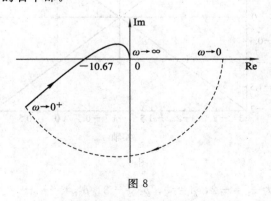

图 8

3. $|G(j0)| = \infty$，$\angle G(j0) = -v \times 90°$；$|G(j\infty)| = 0$，$\angle G(j\infty) = -(v+2) \times 90°$

$|G(j\omega)| = \omega^{-v}(1 + \omega^2)^{-1/2}(4 + \omega^2)^{-1/2}$

$\angle G(j\omega) = -v \times 90° - \arctan\omega - \arctan 0.5\omega$

因此 $v=1$、2、3、4 时的概略都是递减函数，所有幅相曲线的终止相角均小于起始相角 $180°$，以 $-(v+2)\times90°$ 趋于原点。开环幅相曲线如图 9 所示。

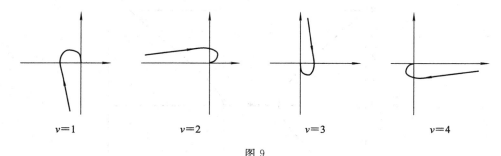

$v=1$ $v=2$ $v=3$ $v=4$

图 9

当 $v=1$ 时，有 $\omega_x^2=2$，$|G(j\omega_x)|=0.204$，与负实轴的交点为 $(-0.204，j0)$。

4. 首先，零极点标准型的开环传递函数为

$$G(s)=\frac{2k}{s(s+1)(s+2)}=\frac{K_g}{s(s+1)(s+2)}$$

开环的零极点为 $p_1=0$，$p_2=-1$，$p_3=-2$

渐近线 $n-m=3$，$\sigma=-1$，$\varphi_a=\begin{cases}60°\\180°\\-60°\end{cases}$

分离点为 $d=-1+\dfrac{\sqrt3}{3}$，与虚轴的交点为 $k=3$，$\omega=\pm j\sqrt2$，这是非常常见的典型系统的根轨迹，如图 10 所示。当 $k<3$ 时，系统稳定。

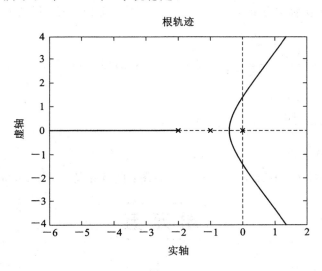

根轨迹

图 10

5. 开环的零极点为 $p_{1,2}=0$，$p_3=-2$，$p_4=-5$

渐近线 $n-m=4$，$\sigma=-\dfrac{7}{4}$，$\varphi_a=\begin{cases}\pm45°\\\pm135°\end{cases}$

分离点为 $d=-4$，$d=-1.25$（舍去），系统的根轨迹如图 11 所示，系统不稳定。

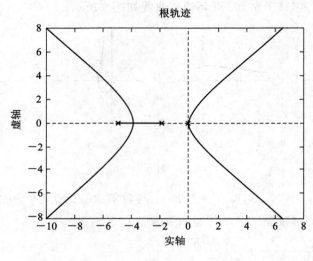

图 11

6. (1) $P=0$，$R=-2$，$Z=2$；　　不稳定；(2) $P=0$，$R=0$；　　　　　　稳定；

　　(3) $P=0$，$R=2$，$Z=2$；　　　不稳定；(4) $P=0$，$R=0$；　　　　　　稳定；

　　(5) $P=0$，$R=-2$，$Z=2$；　　不稳定；(6) $P=0$，$R=0$；　　　　　　稳定；

　　(7) $P=0$，$R=0$；　　　　　　稳定；(8) $P=1$，$R=1$；　　　　　　稳定；

　　(9) $P=1$，$R=0$，$Z=1$；　　　不稳定；(10) $P=1$，$R=-1$，$Z=2$；　不稳定。

注：第 6 题的幅相曲线未包围临界点。应用劳斯稳定判据能够说明闭环系统是稳定的：图中 $G(j\omega)$ 曲线与负实轴交点处 $\omega_1=(T_1T_2)^{-1/2}$，且 $|G(j\omega_1)|>1$，得到 $KT_1T_2(T_1+T_2)>1$。

7. $\omega=0.5$ 时，

$$|G(j\omega)|=\frac{10}{0.5\times1.414\times0.791}=17.89,\quad \angle G(j\omega)=-90°-45°-18.4°=-153.4°;$$

$\omega=2$ 时，

$$|G(j\omega)|=\frac{10}{2\times4.123\times3.162}=0.383$$

$$\angle G(j\omega)=-90°-76.0°-180°+18.4°=-327.6°.$$

8. 左图：闭环系统不稳定；$0<\omega_c<\bar{\omega}_1$。右图：闭环系统稳定；$0<\omega_c<\bar{\omega}_1$，$\bar{\omega}_2<\omega_c$。

单 元 五

1. 答案略

2. 当系统的动态性能不足时，通常选择超前校正，即 $G_c(s)=\dfrac{K_c(s+z_c)}{(s+p_c)}$（$p_c>z_c$），零极点均在负实轴上，零点比极点靠近原点。

当系统的静态性能不足时，通常选择滞后校正装置。校正装置的形式为 $G_c(s)=$

$\dfrac{K_c(s+z_c)}{(s+p_c)}(z_c>p_c)$。零极点均在负实轴上且非常靠近虚轴,与受控对象的其他零极点相比可以构成一对偶极子。由于增加一对偶极子基本不改变系统的动态性能,但可以增大系统的开环增益,从而达到减小系统静态误差的目的。

3. 静态校正的理论依据:通过改变低频特性,提高系统型别和开环增益,以达到满足系统静态性能指标要求的目的。

动态校正的理论依据:通过改变中频特性,使穿越频率和相角裕量足够大,以达到满足系统动态性能要求的目的。

4. $e_{ss}=1/K_v=1/k$,$k=15$;

* $\omega_{c0}=3.809<\omega_c$,在 $\omega=7.5$ 处,$\gamma=7.6°$。满足使用串联超前校正的条件;

* $\phi_m\geqslant45°-7.6°$,取 $\phi_m=45°$,

$\alpha=\dfrac{1+\sin\phi_m}{1-\sin\phi_m}=5.828$,$\omega_m=\omega_c=7.5$;$T=\dfrac{1}{\sqrt{\alpha}\omega_m}=0.055$,$\alpha T=0.321$;

$G_c(s)=\dfrac{0.321s+1}{0.055s+1}$;$\overline{G}(s)=\dfrac{15(0.321s+1)}{s(s+1)(0.055s+1)}$;

检验:$|G(j7.5)|=1/1.57$,$\gamma=180°+\angle G(j7.5)=52.62°$;$\overline{\omega}_c=5.28$;

剪切频率未达到要求;参数调整如下:取 $k=15\times1.6=24$;

调整后,$G(s)=\dfrac{24(0.321s+1)}{s(s+1)(0.055s+1)}$;

指标检验:$\omega_c=7.61>7.5$,$\gamma=52.5°>45°$,$e_{ss}=1/24<1/15$。

5. 由题意得(a) $G_0(s)=\dfrac{20}{s(0.1s+1)}$,$G_c(s)=\dfrac{2s+1}{10s+1}$,$G(s)=\dfrac{20(2s+1)}{s(10s+1)(0.1s+1)}$

采用的是滞后校正,剪切频率减小,$\omega_{c0}=12.496$,$\omega_c=3.774$,有利于抑制高频干扰。

经计算知,$\gamma_0=48.7°$,$\gamma=63.3°$,相角裕度加大,系统稳定裕度提高。

(b) $G_0(s)=\dfrac{20}{s(0.05s+1)}$,$G_c(s)=\dfrac{0.1s+1}{0.01s+1}$,$G(s)=\dfrac{20(0.1s+1)}{s(0.05s+1)(0.01s+1)}$

采用的是超前校正,剪切频率增加,系统响应速度提高,$\omega_{c0}=15.723$,$\omega_c=34.03$ 经计算知,$\gamma_0=61.8°$,$\gamma=85.3°$;相角裕度加大,系统稳定裕度提高。

(c) $G_0(s)=\dfrac{K_0}{(\tau_1 s+1)(\tau_2 s+1)(\tau_3 s+1)}$,$G_c(s)=\dfrac{K_c(T_2 s+1)(T_3 s+1)}{(T_1 s+1)(T_4 s+1)}$,

$G(s)=\dfrac{K_c K_0(T_2 s+1)(T_3 s+1)}{(T_2 s+1)(\tau_1 s+1)(\tau_2 s+1)(\tau_3 s+1)(T_2 s+1)}$,$\tau_i=\dfrac{1}{\omega_i}$,$i=1,2,3$

采用的是滞后-超前校正,设计较方便。剪切频率增加,系统响应速度提高,保证了系统的稳定性。

单 元 六

略。

参 考 文 献

[1]　胡寿松. 自动控制原理基础教程[M]. 北京：科学出版社，2013.

[2]　孟华. 自动控制原理[M]. 2版. 北京：机械工业出版社，2014.

[3]　温希东. 自动控制原理及其应用[M]. 西安：西安电子科技大学出版社，2004.

[4]　廉振芳，苏挺. 自动控制原理及应用[M]. 北京：北京理工大学出版社，2012.

[5]　黄坚. 自动控制原理及其应用[M]. 北京：高等教育出版社，2004.

[6]　李琳. 自动控制系统原理与应用[M]. 北京：清华大学出版社，2011.

[7]　韩全立. 自动控制原理与应用[M]. 西安：西安电子科技大学出版社，2006.